化工仿真实训指导

第三版

广东省石油化工职业技术学校
北京东方仿真软件技术有限公司　合编

赵刚　主编

HUAGONG FANGZHEN SHIXUN ZHIDAO

化学工业出版社

·北京·

本书重点介绍了常用化工单元操作系统的仿真培训使用方法，包括离心泵、液位控制、罐区、真空系统、电动往复式压缩机、CO_2压缩机、压缩机、换热器、管式加热炉、锅炉、催化剂萃取、精馏塔、双塔精馏、吸收解吸、多效蒸发、间歇反应釜、固定床反应器、流化床反应器共十八个单元。为配合职业教育和在职培训，在各培训单元中都安排有：工艺流程简介，主要设备，调节器、显示仪表及现场阀说明，操作说明（包括正常运行、冷态开车、正常停车和事故处理），并配有带控制点的工艺流程图、仿DCS图、仿现场图和思考题。简要介绍了系统仿真的基本概念、过程系统仿真技术的应用、仿真培训系统学员站的使用方法和仿DCS系统的操作方法，同时也对比了化工仿真培训系统中PTS（Plant Training System）结构和STS（School Teaching System）结构。第三版介绍的单元比第二版多了后三个单元，能更好满足职业教育和职业培训的需要。

本书可作为大中专、技工学校化工类专业学生和在职培训的化工厂操作工的实训教材，也可作为仪表及自动控制专业学生培训参考书。

图书在版编目（CIP）数据

化工仿真实训指导/赵刚主编；广东省石油化工职业技术学校，北京东方仿真软件技术有限公司合编. —3版. —北京：化学工业出版社，2013.7（2024.8重印）
ISBN 978-7-122-17438-3

Ⅰ. ①化… Ⅱ. ①赵… ②广… ③北… Ⅲ. ①化学工业-计算机仿真 Ⅳ. ①TQ015.9

中国版本图书馆CIP数据核字（2013）第109858号

责任编辑：廉　静　　　　　　　　　　文字编辑：徐卿华
责任校对：吴　静　　　　　　　　　　装帧设计：王晓宇

出版发行：化学工业出版社（北京市东城区青年湖南街13号　邮政编码100011）
印　　刷：三河市航远印刷有限公司
装　　订：三河市宇新装订厂
787mm×1092mm　1/16　印张11¾　字数284千字　2024年8月北京第3版第12次印刷

购书咨询：010-64518888　　　　　售后服务：010-64518899
网　　址：http://www.cip.com.cn
凡购买本书，如有缺损质量问题，本社销售中心负责调换。

定　价：33.00元　　　　　　　　　　　　　　　　　版权所有　违者必究

第三版前言

本书是以仿真培训系统软件为载体,以常用的三种 DCS 系统操作界面为形式,以介绍化工生产中常见单元操作为核心进行编写的教学、培训用书。经过多年的教学实践和汇总听取到许多培训教师的意见,编者认为《化工仿真实训指导》就是为"化工单元操作及设备"这门课程提供仿真实训的配套课程,也是为相关化工类工艺流程提供操作仿真演练的最好教材之一。也正是基于这样的思考,我们进行了第二次改版,现将具体理由阐述如下。

1. 考虑到本书的实用性,取消了原版第一篇基础知识部分中的第一章概述,并将整体内容重新编排为三章:第一章仿真培训系统学员操作站的使用方法、第二章常见仿 DCS 系统的操作方法、第三章单元操作仿真实训。

2. 北京东方仿真软件技术有限公司又为我们提供了多效蒸发、电动往复式压缩机、双塔精馏三个新的化工仿真培训单元。

在高效、节能和绿色化工的大背景下,多效蒸发在化工单元操作中显得尤为重要,常应用在溶液浓缩、纯化过程,特别适用于对热敏性物质的提取,如电解法制烧碱、纯碱的制备、海水淡化、天然有机物的提取、污水处理等工艺;通过本单元操作的培训,对帮助参训人员建立物质显热与潜热、能量综合利用的概念有重要作用;此外,借助本单元操作的培训介绍和对比多种蒸发流程、设备,还可拓展到更多的工艺过程的讲解。

电动往复式压缩机单元是在继压缩机、CO_2 压缩机之后新增的化工仿真培训单元,丰富了参训人员压缩机操作的培训种类,也便于培训教师对不同种类压缩机结构和操作要点的对比教学组织,帮助巩固、提高参训人员对不同种类压缩机的操作技能。

而双塔精馏单元能使参训人员理解精馏操作的提留、精馏作用,填补了脱丁烷塔的工艺作用单一性,更利于帮助参训人员清楚不同作用"精馏塔"的重要操作工艺指标不同。

3. 为了更有效地配合"化工单元操作及设备"的教学,本次改版将各单元按照"三传一反"的方式编排为四大模块:动量传递(流体输送和气体压缩)、热量传递、质量传递、化学反应;同时,考虑到参训人员的认知规律,我们尽量注意先易后难,以及相互之间的衔接关系,也听取了许多培训教师的建议,将十八个单元的顺序调整为:离心泵、液位控制、罐区、真空系统、电动往复式压缩机、CO_2 压缩机、压缩机、换热器、管式加热炉、锅炉、催化剂萃取、精馏塔、双塔精馏、吸收解吸、多效蒸发、间歇反应釜、固定床反应器、流化床反应器。

4. 本次改版新增相关内容的电子讲稿 PPT 文件,为培训教师的教学或参训人员的自学提供在线服务。也想抛砖引玉,希望能与同行们有更多学习交流的平台,并能得到同行们更好的建议。

本次改版新增的三个单元由赵刚编写,黄训誉老师绘制带控制点的工艺流程图;其余部分与第二版的编者相同,但真空系统、罐区、间歇反应釜、催化剂萃取和二氧化碳压缩机五个单元的带控制点工艺流程图,已由黄训誉老师重新绘制。全书由赵刚统稿并担任主编。

在第三版的编写过程中,北京东方仿真软件技术有限公司给予了大力支持,特别是许重华经理、杨杰、覃杨、刘晶晶、傅恩庆、刘松等,并再次希望他们搭建的中国化工培训资源能成为化工职业教育和培训之家,让培训师和参训人员得到更好的服务;化学工业出版社也给予了指导,在此一并表示衷心的感谢!并对为本次改版给予了帮助的老师和朋友们表示感谢!

  因时间紧、编者水平有限,疏漏之处在所难免,恳请广大读者批评指正。

编 者
2013 年 5 月

第一版前言

随着现代化工生产技术的飞速发展，生产装置大型化、生产过程连续化和自动化程度的不断提高，为保证生产安全稳定、长周期、满负荷、最优化地运行，职业教育和在职培训显得越来越重要。但由于化工生产行业的特殊性，如工艺过程复杂、工艺条件要求十分严格和常伴有高温、高压、易燃、易爆、有毒、腐蚀等不安全因素，常规的职业教育和培训方法已不能满足要求，而化工仿真培训技术，能利用计算机模拟真实的操作控制环境，给职业教育提供丰富生动的多媒体教学手段，为受训人员提供安全、经济的离线培训条件，已被人们所重视。我国多家仿真公司在这方面做了大量的工作，如北京东方仿真控制技术有限公司，已推出有多套化工单元操作和化工生产过程的仿真培训软件，为职业教育和在职培训提供了方便。本书介绍的是北京东方仿真控制技术有限公司的 TDC3000 和 CENTUM-CS 两套培训系统。编写本书的目的是为化工仿真培训的教学服务。

本书介绍了过程系统仿真、化工仿真系统学员站的使用方法，以及 TDC3000 和 CENTUM-CS 两套培训系统的操作方法，也对比了化工仿真培训系统的 PTS（Plant Training System）结构和 STS（School Teaching System）结构。考虑到职业教育的连续性和在职培训的实用性，使学员能巩固已学的化工理论知识，并能用相关知识来指导自己的操作，提高其分析问题解决问题的能力，在编写各化工仿真培训单元和过程使用方法时，我们都安排了工作原理简述和工艺流程简介，并配有带控制点的工艺流程图、仿 DCS 图、仿现场图和思考题。所选用单元有离心泵、换热器、液位控制、加热炉、脱丁烷塔、吸收解吸、压缩机、锅炉、固定床反应器、流化床反应器共十个单元。

本书第一篇和第二篇的第三章由夏迎春、纳永良、吕志编写；第二篇的其他章节由张国铭、赵刚、高绘新编写。全书由赵刚统稿并担任主编。

在编写过程中，原化工部人事教育司院校处和化学工业出版社均给予了大力支持，东方仿真公司原副总经理李旻提供了宝贵的意见，在此一并表示衷心的感谢！并对为出版本书出过力的老师和同志特别是叶丽明老师表示感谢。

由于化工仿真培训涉及面广、实践性强，加之编者水平有限，编写时间仓促，错漏之处在所难免，恳请广大读者批评和指正。

编　者

一九九八年十二月

第二版前言

本次改版是为了更好地满足化工职业教育的发展和化工总控工职业培训的需求，主要基于以下几方面的原因。

1. 北京东方仿真软件技术有限公司的培训系统有了新的内涵。

① 全部软件已升级为基于 PISP.NET 软件，软件的启动和使用不同于以前。

② 教师站已升级为基于 PISP.NET 网络管理软件，评分系统已采用新的画面和操作方法。

③ 化工仿真培训软件已升级为 CST2007 网络版，DCS 培训系统已由原来的 TDC3000 和 CENTUM-CS 两种变为了通用 DCS、TDC3000、CS3000、I/A 四种。

④ 实训单元新增了五个：真空系统单元、罐区单元、间歇反应釜单元、催化剂萃取单元和 CO_2 压缩机单元。

2. 为了避免重复叙述，对于常用的基本操作只在第一次出现时进行详细的描述，再次出现时将以"按正确的操作方法……"方式处理，并在相关操作提示中列出，便于参训人员查找。

3. 考虑到相关的化工原理基本知识已有许多书籍可供查阅，且北京东方仿真软件技术有限公司在中国化工培训资源网 www.cctic.net 上搭建了一个资源互换共享的平台，并已有了相关的内容，本次改版没再安排工作原理简述，只在关联知识中列出，提示参训人员进行相关知识的准备。

4. 考虑到现有培训版本的易操作性和本书的实用性，取消了第一版中各实训单元里的 DCS 组态结果。

5. 在第四章中，除表格、图片部分外，其余部分都在旁边留出了一栏，方便参训人员记录学习心得或其他相关内容。

6. 在第四章各实训单元的操作说明中，为了参训人员能更快掌握操作的要点，都加入了主要的操作步骤示意图。

本次改版根据软件版本的升级对第二章和第三章的内容进行了相应的改编；第四章的实训一至实训八由赵刚改编，实训九、实训十由张国铭改编，实训十一至实训十五由文培编写。全书由赵刚统稿并担任主编。

在这次改版过程中，北京东方仿真软件技术有限公司给予了全力支持，特别是许重华经理、杨杰、覃杨、刘晶晶、傅恩庆、刘松等，并希望他们搭建的中国化工培训资源网能成为化工职业教育和培训之家，让培训师和参训人员都能得到最大的收获；化学工业出版社也给予了指导，在此一并表示衷心的感谢！并对为本次改版给予帮助的老师和朋友们表示感谢！

由于时间仓促，加之编者水平有限，错漏之处在所难免，恳请广大读者批评指正。

编 者
2008 年 6 月

目 录

第一章 仿真培训系统学员操作站的使用方法 　1

第一节　仿真培训软件 CSTS2007 学员站的启动 …………………………… 1
　　一、CSTS2007 学员站的启动 ……………………………………………… 1
　　二、CSTS2007 学员站自由培训的相关操作 …………………………… 2
　　三、CSTS2007 学员站在线考核的相关操作 …………………………… 4
第二节　学员站培训功能的操作方法 …………………………………………… 6
　　一、工艺菜单的操作方法 ………………………………………………… 6
　　二、画面菜单的操作方法 ………………………………………………… 7
　　三、工具菜单的操作方法 ………………………………………………… 8
　　四、帮助菜单的操作方法 ………………………………………………… 9
第三节　学员站操作质量评分系统的操作方法 ………………………………… 9
　　一、菜单栏 …………………………………………………………………… 9
　　二、智能评分内容栏 ………………………………………………………… 10
　　三、状态提示栏 ……………………………………………………………… 12

第二章 常见仿DCS系统的操作方法 　14

第一节　仿 TDC3000 系统的操作方法 ………………………………………… 14
　　一、专用键盘操作说明 ……………………………………………………… 14
　　二、画面操作说明 …………………………………………………………… 17
第二节　仿 CS3000 系统的操作方法 …………………………………………… 26
　　一、专用键盘操作说明 ……………………………………………………… 26
　　二、画面操作说明 …………………………………………………………… 27
第三节　仿 I/A 系统的操作方法 ………………………………………………… 32
　　一、专用键盘操作说明 ……………………………………………………… 32
　　二、画面操作说明 …………………………………………………………… 32

第三章 单元操作仿真实训 　37

实训一　离心泵 …………………………………………………………………… 37
　　一、工艺流程简介 …………………………………………………………… 37
　　二、主要设备 ………………………………………………………………… 38
　　三、调节器、显示仪表及现场阀说明 ……………………………………… 38
　　四、操作说明 ………………………………………………………………… 39
　　五、思考题 …………………………………………………………………… 42
实训二　液位控制 ………………………………………………………………… 43
　　一、工艺流程简介 …………………………………………………………… 43

二、主要设备 ·· 44
　　三、调节器、显示仪表及现场阀说明 ·· 44
　　四、操作说明 ·· 45
　　五、思考题 ·· 48
实训三　罐区 ·· 49
　　一、工艺流程简介 ·· 49
　　二、主要设备 ·· 49
　　三、调节器、显示仪表及现场阀说明 ·· 51
　　四、操作说明 ·· 51
　　五、思考题 ·· 57
实训四　真空系统 ·· 57
　　一、工艺流程简介 ·· 57
　　二、主要设备 ·· 58
　　三、调节器、显示仪表及现场阀说明 ·· 59
　　四、操作说明 ·· 59
　　五、思考题 ·· 64
实训五　电动往复式压缩机 ·· 65
　　一、工艺流程简介 ·· 65
　　二、主要设备 ·· 66
　　三、调节器、显示仪表及现场阀说明 ·· 66
　　四、操作说明 ·· 66
　　五、思考题 ·· 69
实训六　CO_2 压缩机 ·· 70
　　一、工艺流程简介 ·· 70
　　二、主要设备 ·· 72
　　三、调节器、显示仪表及现场阀说明 ·· 72
　　四、操作说明 ·· 73
　　五、思考题 ·· 80
实训七　压缩机 ·· 80
　　一、工艺流程简介 ·· 80
　　二、主要设备 ·· 81
　　三、调节器、显示仪表及现场阀说明 ·· 82
　　四、操作说明 ·· 83
　　五、思考题 ·· 88
实训八　换热器 ·· 88
　　一、工艺流程简介 ·· 88
　　二、主要设备 ·· 89
　　三、调节器、显示仪表及现场阀说明 ·· 89
　　四、操作说明 ·· 90

五、思考题 ··· 93
实训九　管式加热炉 ··· 94
　　一、工艺流程简介 ··· 94
　　二、主要设备 ··· 95
　　三、调节器、显示仪表及现场阀说明 ··· 95
　　四、操作说明 ··· 96
　　五、思考题 ··· 101
实训十　锅炉 ··· 101
　　一、工艺流程简介 ··· 101
　　二、主要设备 ··· 104
　　三、调节器、显示仪表及现场阀说明 ··· 104
　　四、操作说明 ··· 105
　　五、思考题 ··· 116
实训十一　催化剂萃取 ··· 116
　　一、工艺流程简介 ··· 116
　　二、主要设备及物质 ··· 117
　　三、调节器、显示仪表及现场阀说明 ··· 118
　　四、操作说明 ··· 118
　　五、思考题 ··· 122
实训十二　精馏塔 ··· 122
　　一、工艺流程简介 ··· 122
　　二、主要设备 ··· 123
　　三、调节器、显示仪表及现场阀说明 ··· 123
　　四、操作说明 ··· 124
　　五、思考题 ··· 129
实训十三　双塔精馏 ··· 130
　　一、工艺流程简介 ··· 130
　　二、主要设备 ··· 132
　　三、调节器、显示仪表及现场阀说明 ··· 132
　　四、操作说明 ··· 133
　　五、思考题 ··· 139
实训十四　吸收解吸 ··· 139
　　一、工艺流程简介 ··· 139
　　二、主要设备 ··· 142
　　三、调节器、显示仪表及现场阀说明 ··· 142
　　四、操作说明 ··· 143
　　五、思考题 ··· 150
实训十五　多效蒸发 ··· 150
　　一、工艺流程简介 ··· 150

二、主要设备 ·· 151
　　三、调节器、显示仪表及现场阀说明 ·· 152
　　四、操作说明 ·· 152
　　五、思考题 ··· 156

实训十六　间歇反应釜 ·· 156
　　一、工艺流程简介 ·· 156
　　二、主要设备 ·· 158
　　三、调节器、显示仪表及现场阀说明 ·· 158
　　四、操作说明 ·· 159
　　五、思考题 ··· 163

实训十七　固定床反应器 ··· 164
　　一、工艺流程简介 ·· 164
　　二、主要设备 ·· 164
　　三、调节器、显示仪表及现场阀说明 ·· 165
　　四、操作说明 ·· 166
　　五、思考题 ··· 169

实训十八　流化床反应器 ··· 170
　　一、工艺流程简介 ·· 170
　　二、主要设备 ·· 171
　　三、调节器、显示仪表及现场阀说明 ·· 171
　　四、操作说明 ·· 173
　　五、思考题 ··· 177

参考文献 178

第一章 仿真培训系统学员操作站的使用方法

教师指令台和学员操作站的作用和功能不同,因此在教师指令台和学员操作站上所运行的软件也不同。

教师指令台运行教师总体监控软件。学员操作站上运行仿真培训软件,包括:工艺仿真软件、仿 DCS 软件、智能操作指导诊断软件。

STS 软件既可以上、下位机联网培训,也可以单机培训。在教师指令台不加电或总体监控软件不运行的情况下,学员操作站可以单机培训。

教师指令台总体监控软件具有总体监控功能。主要包括以下四个方面:

培训方式设置功能　能够根据不同的教学环节选择不同的培训方式;
监视功能　能够同时监视所有学员操作站的运行状态和学员的操作情况;
指令功能　可以向所有学员操作站发控制指令,以控制教学的进行;
授权功能　对各个学员操作站进行功能授权,没有授权的功能则在学员操作站上无法进行。

教师指令台是教师组织管理仿真培训的控制台,与学员操作无关,本章将介绍学员操作站的使用方法。

第一节　仿真培训软件 CSTS2007 学员站的启动

化工基本过程单元仿真软件 CSTS2007 学员站有自由培训和考核两种使用方法,两种使用方法的启动、启动过程中的画面,以及启动后的功能都有不同,现分别进行介绍。

一、CSTS2007 学员站的启动

启动计算机,单击"开始"按钮,弹出上拉菜单,将光标移到"程序",并将光标指向随后弹出菜单"东方仿真"中"STS 化工实习软件 2007"菜单,单击其中的"STS 化工实习软件 2007";也可以直接单击"桌面"中的"STS 化工实习软件 2007"快捷图标,均能启动化工基本过程单元仿真软件 CSTS2007 学员站,相应的启动界面和启动窗口如图 1-1、图 1-2 所示。

软件启动窗口的基本信息栏中,既可选择匿名登录,也可以在相应位置输入姓名和学号,而机器号通常是系统自动检查的结果,无需更改。但无论以哪一种方式登录,都必须在连接信息栏"教师指令站地址"中填入与最下一行右边相同

图 1-1　仿真软件 CSTS2007 学员站启动界面

的 IP 地址。然后再选择"自由培训"或"在线考核"使用方法。

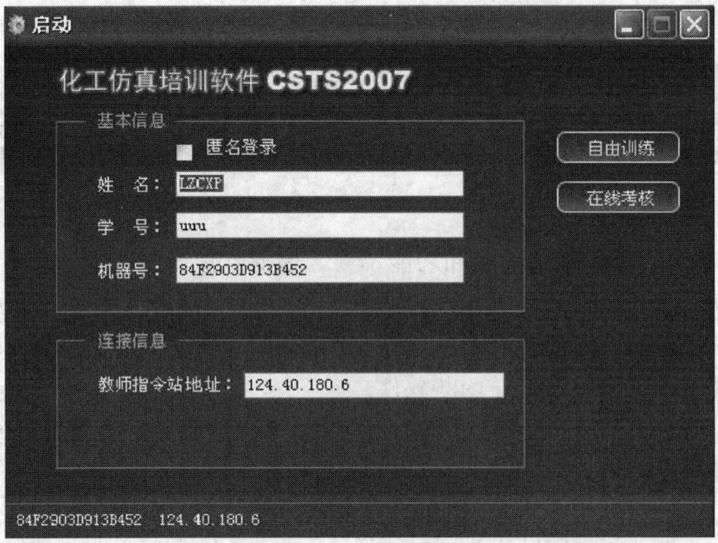

图 1-2 仿真软件 CSTS2007 学员站启动窗口

二、CSTS2007 学员站自由培训的相关操作

在软件启动窗口中填入相关信息后,单击"自由培训"按钮,系统将进入培训参数选择窗口(如图 1-3 所示),该画面从上到下分为四个部分。最下面显示了可选的培训工艺,单击即可选定并在第二部分中的"培训工艺"中显示这一被选定的培训工艺。第三部分

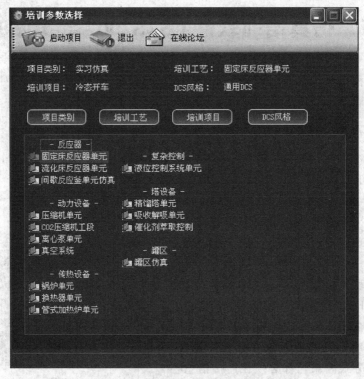

图 1-3 学员站自由培训进入窗口

有四个按钮,单击"项目类别"只有实习仿真;单击"培训工艺"则是图 1-3 所示的画面;而单击其他两个所显示的画面分别如图 1-4、图 1-5 所示,并可在第二部分显示相关的选择信息。

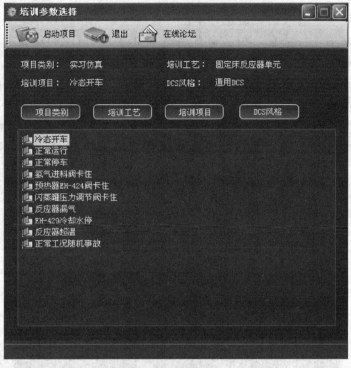

图 1-4　学员站自由培训项目参数选择窗口

图 1-5　学员站自由培训 DCS 风格参数选择窗口

在确定所选择的培训参数后，可单击第一部分的"启动项目"按钮启动仿真培训项目。

三、CSTS2007学员站在线考核的相关操作

在软件启动窗口中填入相关信息，单击"在线考核"按钮，系统显示如图1-6所示的学员站与教师站的连接信息，稍后会自动弹出如图1-7所示的培训考核大厅窗口；此窗口显示了教师站已开放考核教室，可按提示双击其中的一个教室或先单击选中一个教室后再点击"连接"按钮，进入确认登录信息窗口（如图1-8所示）；学员核实姓名和学号后点击"确认"按钮，系统弹出考试提示画面（如图1-9所示），画面显示考核内容和时间；随后系统自动进入在线考核操作画面（其DCS风格由教师站的试卷设置），图1-10所示是通用DCS风格，单击此操作画面菜单栏内的"工艺"按钮，将弹出如图1-11所示的任务栏，单击其中的"进入下一题"和"提前交卷"，系统都会有相关的警告窗口弹出，以帮助学员再次确认防止误操作发生；其他操作与自由培训中的通用DCS风格相同，只是没有操作质量评分窗口，通用DCS风格操作方法将在第二节中介绍。

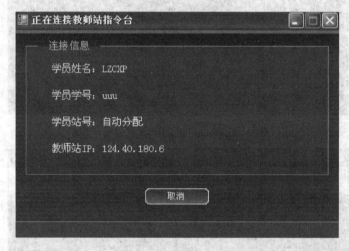

图1-6　学员站与教师站的连接信息画面

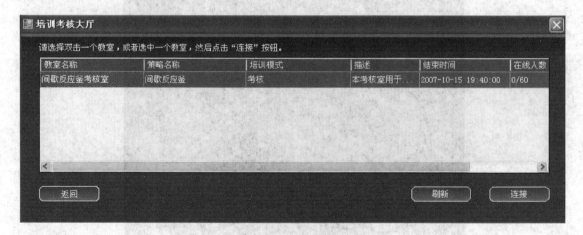

图1-7　培训考核大厅窗口

 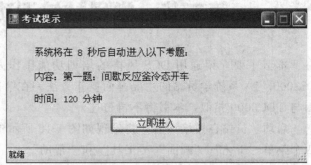

图1-8　在线考核确认登录信息窗口　　　　图1-9　在线考核提示窗口

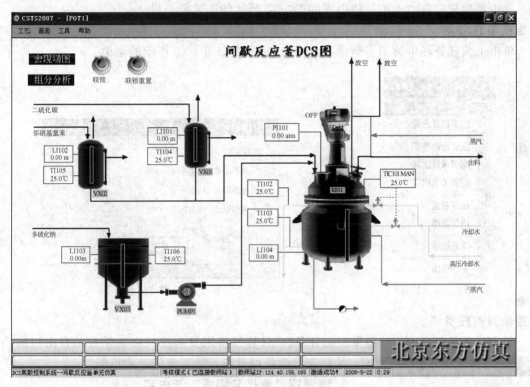

图1-10　在线考核操作画面（通用DCS风格）

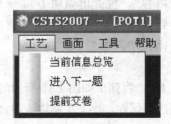

图1-11　工艺任务栏

第一章　仿真培训系统学员操作站的使用方法 >> 5

第二节　学员站培训功能的操作方法

本节主要介绍通用 DCS 风格的培训功能操作方法，常见的 DCS 风格，如 TDC3000、CS3000、IA 系统学员站的主要画面操作方法将在第三章中介绍。由于通用 DCS 风格操作画面与 TDC3000 相似，本书将不再赘述。

启动学员站自由培训后，将出现如图 1-10 所示的画面，菜单栏中也有如图 1-11 所示的四个菜单"工艺"、"画面"、"工具"和"帮助"。

一、工艺菜单的操作方法

单击菜单栏中有"工艺"将出现如图 1-12 所示的工艺任务栏。

1. 当前信息总览

单击工艺任务栏中的"当前信息总览"，将弹出如图 1-13 所示的画面。

图 1-12　工艺任务栏

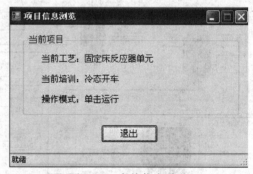

图 1-13　当前信息总览

2. 重做当前任务

单击工艺任务栏中的"重做当前任务"，计算机将恢复系统到启动学员站自由培训的初始状态，学员可重新开始当前任务的培训。

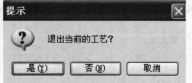

图 1-14　退出当前工艺提示

3. 培训项目选择与切换工艺内容

单击工艺任务栏中的"培训项目选择"或"切换工艺内容"，将弹出如图 1-14 所示的提示窗口，确认后系统将回到如图 1-3 所示的学员站自由培训进入窗口，供学员重新选择各培训参数。

4. 进度存盘/进度重演

单击工艺任务栏中的"进度存盘"，将弹出如图 1-15 所示的窗口，学员可选择存盘位置、填写文件名，并确认后，把当前数据进行保存，供下次继续练习（即进度重演）提供数据。

单击工艺任务栏中的"进度重演"，将弹出如图 1-16 所示的窗口，学员可在指定位置选取已存盘的数据文件，继续上次的培训；"进度存盘"和"进度重演"特别适用于需长时间中断培训或关机后继续进行培训的情况。

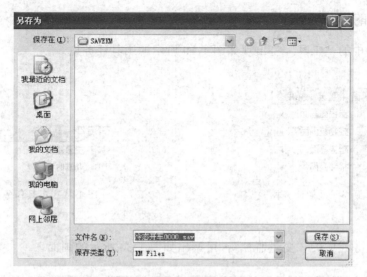

图 1-15 进度存盘窗口

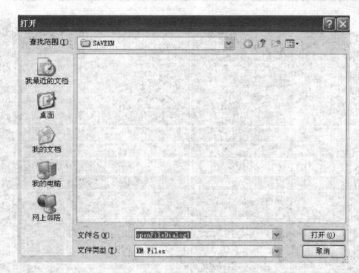

图 1-16 进度重演窗口

5. 系统冻结

单击工艺任务栏中的"系统冻结",可直接将正在进行的培训暂停,工艺任务栏此时相应位置已变为"系统解冻",如单击"系统解冻"可继续培训,这对功能适合于短时间中断培训的情况。

6. 系统退出

单击工艺任务栏中的"系统退出",弹出如图 1-17 所示的画面,确认后将退出培训系统。

二、画面菜单的操作方法

单击菜单栏中的"画面"将出现如图 1-18 所示的画面任务栏。学员可切换到各种不同的画面进行相关的监控和操作。

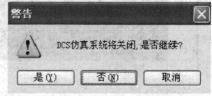

图 1-17 系统退出提示窗口

三、工具菜单的操作方法

单击菜单栏中的“工具”将出现如图 1-19 所示的工具任务栏。

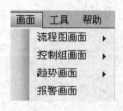

图 1-18　画面任务栏

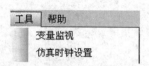

图 1-19　工具任务栏

1. 变量监控

单击工具任务栏中的“变量监控”，可调出如图 1-20 所示的画面。

ID	点名	描述	当前点值	当前变量值	点值上限	点值下限
1	FT1425	CONTROL C2H2	56180.968750	56181.199219	70000.000000	0.000000
2	FT1427	CONTROL H2	200.204376	200.204620	300.000000	0.000000
3	TC1466	CONTROL T	38.008907	38.008556	80.000000	0.000000
4	TI1467A	T OF ER424A	44.000217	44.000183	400.000000	0.000000
5	TI1467B	T OF ER424B	25.000000	25.000000	400.000000	0.000000
6	PC1426	P OF EV429	0.399770	0.399772	1.000000	0.000000
7	LI1426	H OF 1426	50.003075	50.003052	100.000000	0.000000
8	FI1428	zzzzzzzzzzzzzzzzzzzzzzzz	18550.496094	18550.560547	100000.000000	0.000000
9	FI1474	zzzzzzzzzzzzzzzzzzzzzzzz	100000.000000	100000.000000	200000.000000	0.000000
10	P424A	P OF ER424A	2.523017	2.523016	10.000000	0.000000
11	P424B	P OF ER424B	0.030000	0.030000	10.000000	0.000000
12	TW1426	DEGC OF EV429	37.999069	37.999065	100.000000	0.000000
13	AT1428	X:H2	1.573225	1.538885	200000.000000	0.000000
14	AT1429	X:C2H2	0.000126	0.000122	1000000.000000	0.000000
15	AT1430	X:H2	0.000000	0.000000	200000.000000	0.000000
16	AT1431	X:C2H2	0.000000	0.000000	1000000.000000	0.000000
17	KK1427	zzzzzzzzzzzzzzzzzzzzzzzz	0.000000	0.000000	100.000000	0.000000
18	XV1426	zzzzzzzzzzzzzzzzzzzzzzzz	0.000000	0.000000	100.000000	0.000000
19	YI31	h%	0.002624	0.002624	100.000000	0.000000
20	YI32		0.001041	0.001041	100.000000	0.000000
21	YI33		0.840169	0.840169	100.000000	0.000000
22	YI34		0.133569	0.133569	100.000000	0.000000
23	YI35		0.017047	0.017047	100.000000	0.000000
24	Y031	AFTER ER424 H2	0.000002	0.000002	100.000000	0.000000
25	Y032	AFTER ER424 CH4	0.001041	0.001041	100.000000	0.000000
26	Y033	AFTER ER424 C2H4	0.840168	0.840168	100.000000	0.000000

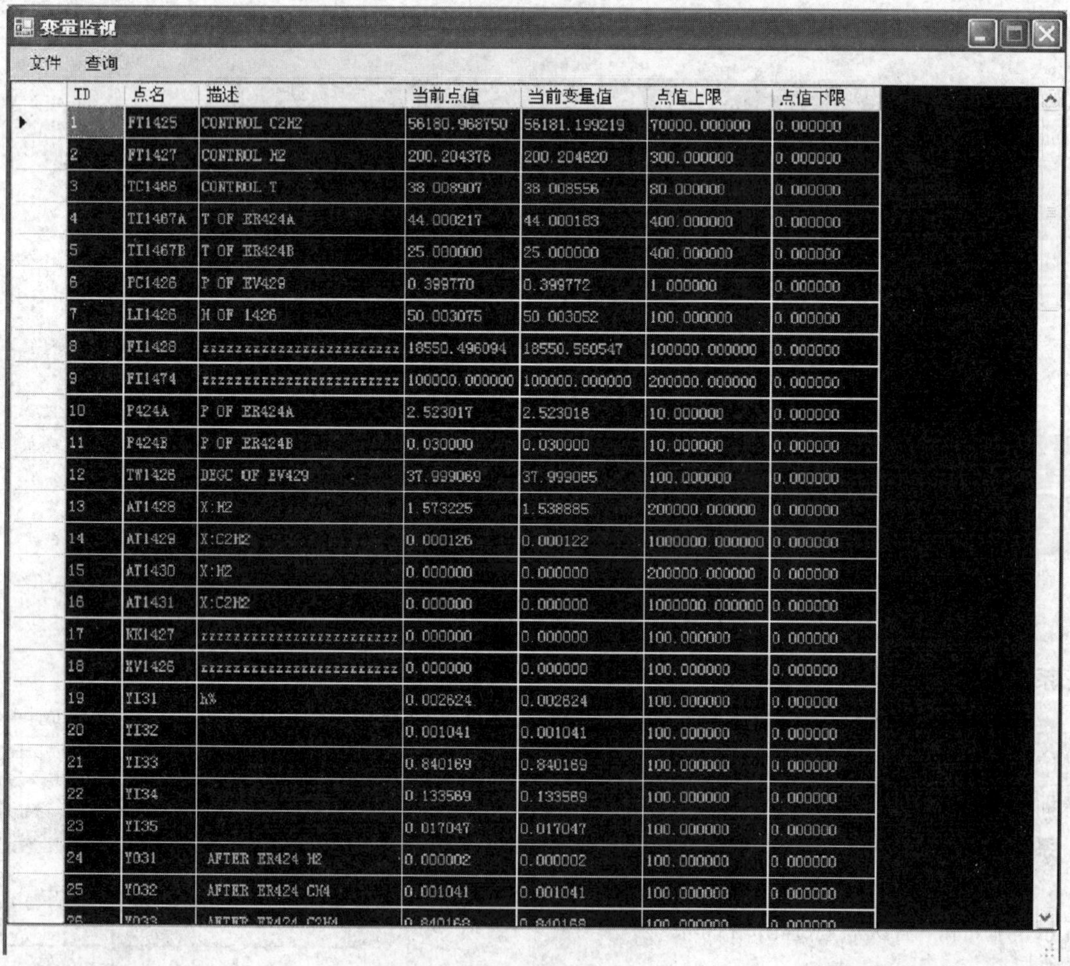

图 1-20　变量监视画面

2. 仿真时钟设置

单击工具任务栏中的“仿真时钟设置”，系统将弹出如图 1-21 所示的窗口，学员可根据

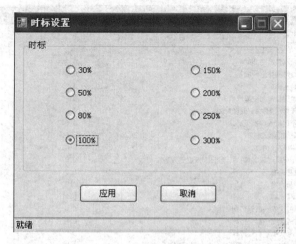

图 1-21　仿真时钟设置窗口

自己的操作情况进行仿真时标设置。如果时标＞100%，仿真时钟将比真实时钟快，反之，则比真实时钟慢。

四、帮助菜单的操作方法

单击菜单栏中的"帮助"将出现如图 1-22 所示的帮助任务栏，学员可获得相关的帮助信息。

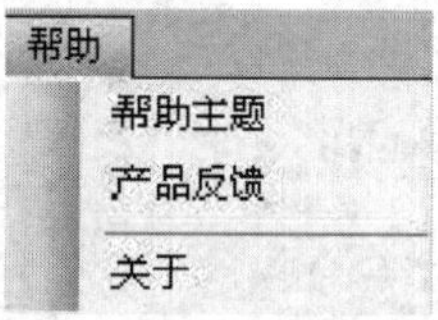

图 1-22　帮助任务栏

第三节　学员站操作质量评分系统的操作方法

过程仿真系统平台 PISP-2000 学员站操作质量评分系统的启动，是随启动 STS 系统进入操作平台而同时启动的，该评分系统是智能操作指导、诊断、评测软件，它通过对用户的操作过程进行跟踪，在线为用户提供：操作状态指示、操作方法指导、操作诊断、诊断结果指示、操作评定、生成评定结果及其他辅助的功能。智能评分系统界面如图 1-23 所示。

操作质量评分系统的操作界面从上到下分为四部分，即窗口栏、菜单栏、智能评分内容栏、状态提示栏。

一、菜单栏

1. 文件任务栏的操作方法

单击"文件"菜单可弹出如图 1-24 所示的文件任务栏。单击文件任务栏中的"打开"可以打开以前保存过的成绩单（文件扩展名为 PF）。单击文件任务栏中的"保存"可以保存新的成绩单覆盖原来旧的成绩单（文件扩展名为 PF）。单击文件任务栏中的"组态"可以对评分内容重新组态，其中包括操作步骤、质量评分、所得分数等。单击"另存为"菜单则不会覆盖原来保存过的成绩单（文件扩展名为 PF）。单击文件任务栏中的"保存成绩单"可以保存文件扩展名为 TXT 的成绩单。单击文件任务栏中的"打印"会弹出如图 1-25 所示的"学员成绩单"窗口，该窗口包括学员资料、总成绩、各类成绩及操作步骤得分的详细说明

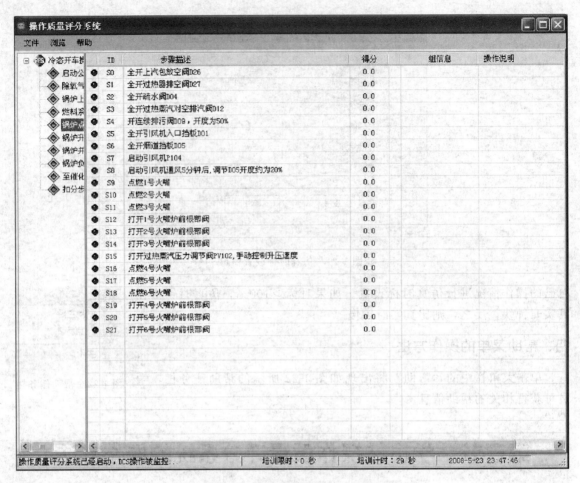

图 1-23 操作质量评分系统界面

等信息。单击窗口中的打印机按钮，可以将窗口所显示的学员成绩单在指定的打印机上打印；单击窗口中的保存按钮，可以将学员成绩单保存到指定的地方。直接单击文件任务栏中的"系统退出"可退出操作系统。

2. 浏览任务栏的操作方法

单击"浏览"菜单可弹出浏览任务栏，点击"成绩"则调出如图 1-25 所示的学员成绩单。

3. 帮助任务栏的操作方法

单击"帮助"菜单弹出帮助任务栏，点击其中的"光标说明"能调出如图 1-26 所示的图标说明画面。

二、智能评分内容栏

智能评分内容栏从左到右分为：被评项目窗口和被评步骤或细则窗口两部分。

1. 被评项目窗口

该窗口显示被评项目的状态和名称，其中包括扣分项目。用鼠标左键单击，右边的被评

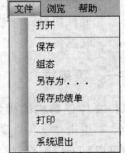

图 1-24 文件任务栏

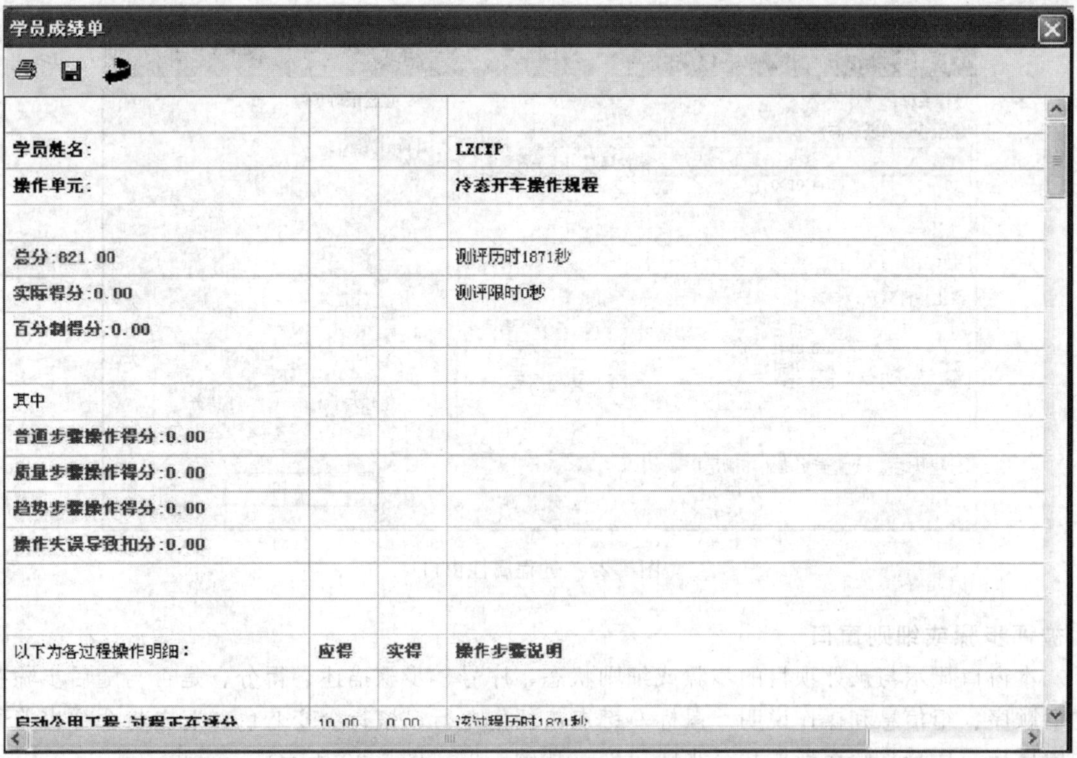

图 1-25 学员成绩单

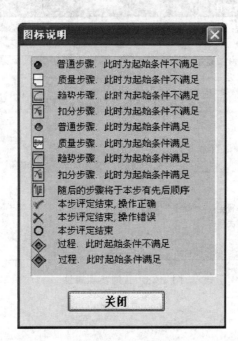

图 1-26 图标说明

步骤或细则窗口的内容会显示相应的内容；用鼠标左键双击，将弹出过程属性窗口（如图 1-27 所示）。

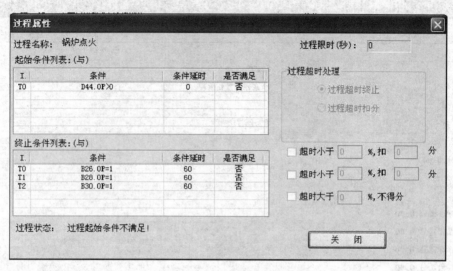

图 1-27 过程属性窗口

2. 被评步骤或细则窗口

本窗口显示与被评项目的步骤或细则状态、序号、步骤描述、得分、是否与随后步骤有先后顺序、组信息和操作说明。鼠标左键点击任何一行，该行会变蓝色；双击将会弹出普通步骤属性、质量步骤属性或扣分步骤属性（如图 1-28～图 1-30 所示）。

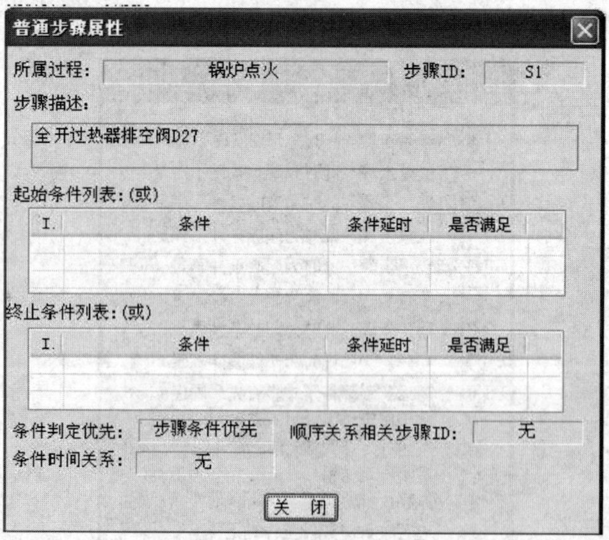

图 1-28 普通步骤属性

三、状态提示栏

状态提示栏主要显示仿真软件的状态、培训限时、培训计时和目前的计算机设置时间。

图1-29 质量步骤属性

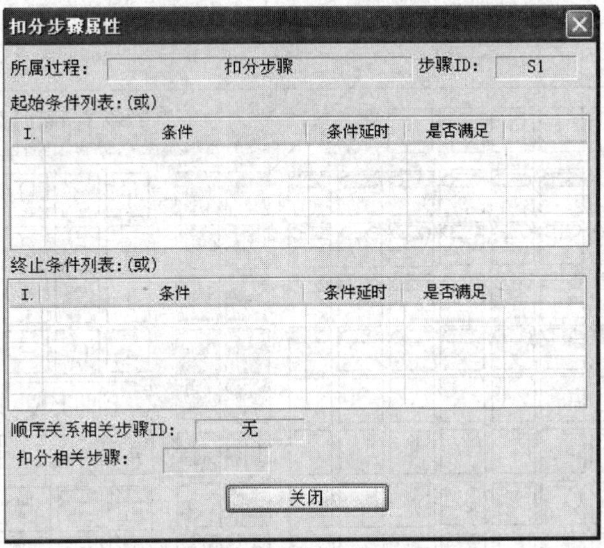

图1-30 扣分步骤属性

第二章
常见仿DCS系统的操作方法

第一节 仿TDC3000系统的操作方法

一、专用键盘操作说明

(一) TDC3000专用键盘布置图

TDC3000有新旧两种键盘,两种键盘及其常用键的分区如图2-1、图2-2所示。

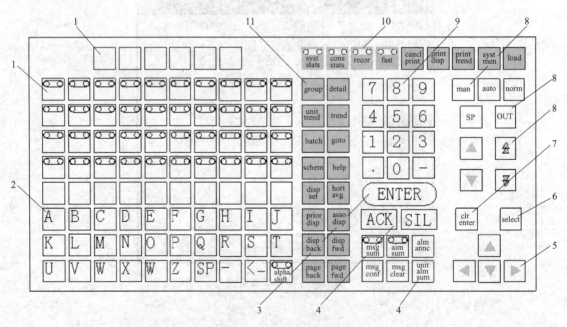

图2-1　TDC3000旧键盘布置图

1—可组态功能键；2—字符键；3—输入确认键；4—报警管理功能键；5—光标键；6—选择键；
7—输入清除键；8—回路操作键；9—数字输入键；10—系统功能键；11—画面调用键

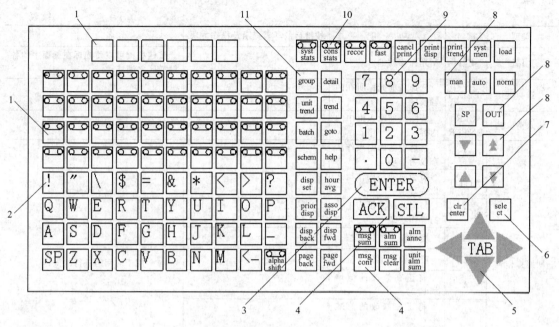

图 2-2 TDC3000 新键盘布置图

1—可组态功能键；2—字符键；3—输入确认键；4—报警管理功能键；5—光标键；6—选择键；
7—输入清除键；8—回路操作键；9—数字输入键；10—系统功能键；11—画面调用键

（二）TDC3000 键的作用说明（见表 2-1）

表 2-1 TDC3000 键盘键的作用说明

类型	键名	功 能	按键后的屏幕提示及操作方法	备 注
可组态功能键		调出所定义的组态图		键盘左上部最上面的六个不带灯的键及下面四排带报警灯的 40 个功能键，带报警灯的键可以反映出该画面的报警状态，黄灯亮表示该画面有高报，红灯亮表示该画面有紧急报警
字符键	SP	输入空格		键盘左侧下部四排键为字符键，可输入相应的 ASCII 码字符
	←	返回键		
	Alpha Shift	字符键/功能键的切换键	Alpha Shift 灯亮时字符键用于输入字符，灯灭时字符键变为功能键，与可组态的功能键作用一样	
输入确认键	ENTER	确认键		用作输入方式下
报警管理功能键	ACK	单元报警确认		
	SIL	报警消音		
	MSG SUMM	调出操作信息画面		
	ALM SUMM	调出区域报警画面		
	ALM ANNC	调出报警灯屏画面		报警管理功能键位于键盘右侧中下部
	MSG CONFM	在操作信息画面中确认操作信息		
	MSG CLEAR	在操作信息画面中清除报警信息		
	UNIT ALM SUMM	调出该单元的单元报警画面	ENTER UNIT ID 输入单元号后确认	

续表

类型	键名	功 能	按键后的屏幕提示及操作方法	备 注
光标键	◄►	光标移动键		按这些键可以使光标在画面中的各触摸区之间移动
选择键	SELECT	选择当前光标所在的触摸区		
输入清除键	CLR ENTER	清除当前输入框中的内容		
回路操作键	MAN	将选中的回路操作状态设为手动		用于对回路进行的操作
	AUTO	将当前回路操作状态设为自动		
	NORM	将当前回路设为正常的操作状态		
	SP	呼出设定值输入框		
	OUT	呼出输出值输入框		
	▲	将正在修改的值增加 0.2%		
	▼	将正在修改的值减少 0.2%		
	⬆	将正在修改的值增加 4%		
	⬇	将正在修改的值减少 4%		
数字输入键		用于输入数字		
系统功能键				为键盘右侧最上面一排键,在仿真培训系统中这些键无意义
画面调用键	GROUP	调控制组画面	ENTER GROUP NUMBER 输入控制组号后,确认	在键盘右侧最左边的两列键
	DETAIL	调细目画面	ENTER POINT ID 输入点名称后,确认	
	UNIT TREND	调出单元趋势图	ENTER UNIT ID 输入单元名后,确认	
	TREND	调出所选点的趋势曲线		在控制组图和趋势组图中才有效
	BATCH	未定义		
	GOTO	选择仪表	ENTER SLOT NUMBER 输入仪表位置号后确认	在控制组画面中用
	SCHEM	调出流程图	ENTER SCHEM NAME 输入流程图名后确认	
	HELP	调出当前画面的帮助画面		由组态时决定
	DISP SET	未定义		
	HOUR AVG	控制组画面切换成相应的小时平均值画面		只在控制组画面中有效
	PRIOR DISP	调出在当前画面调入前显示的一幅画面		
	ASSOC DISP	调出当前画面的相关画面		由组态时决定

续表

类型	键名	功能	按键后的屏幕提示及操作方法	备注
画面调用键	DISP BACK	调出当前所在控制组画面的上一幅控制组画面		如果当前控制组为第一组,则按此键无效
	DISP FWD	调出当前所在控制组画面的下一幅控制组画面		如果当前控制组为最后一组,则按此键无效
	PAGE BACK	调出具有多页显示画面的下一页		在细目画面、单元趋势画面、单元和区域报警信息画面中才有效
	PAGE FWD	调出具有多页显示画面的上一页		在细目画面、单元趋势画面、单元和区域报警信息画面中才有效

二、画面操作说明

(一) TDC3000 系统的画面类型

TDC3000 系统包括的画面类型有:总貌画面、流程图画面、控制组画面、细目画面、趋势组画面、趋势总貌画面、单元趋势及区域趋势画面、报警灯屏画面、区域报警信息画面、单元报警信息画面、小时平均值画面、操作信息画面。TDC3000 系统中这些画面可以相互切换,有些是在系统中实现的,另一些是通过组态实现的。图 2-3 所示为 TDC3000 各画面的关联情况,图中的双箭头表示可通过定义实现相关画面之间的相互调用。

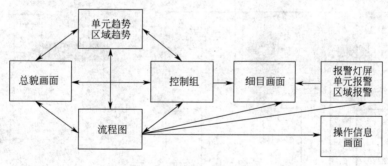

图 2-3 TDC3000 画面关联图

(二) TDC3000 系统常用画面的图示及说明

1. 总貌画面 (如图 2-4 所示)

总貌画面由 36 个小单元构成,每个小单元可定义为一个控制组,显示该控制组中各点与设定值的偏离情况及报警状态。由相邻的若干个小单元可组成一个块,每个块可定义一个相关画面。双击小单元可调出相应定义的画面。在仿真教学软件中没有总貌画面。

2. 流程图画面 (如图 2-5 所示)

流程图画面显示生产过程流程图,包括静态的画面显示及点的动态值等信息,在仿真教学系统中被称为 DCS 图。在此画面中可对各可控点进行操作状态、OP 或 SP 值等调整和监测。

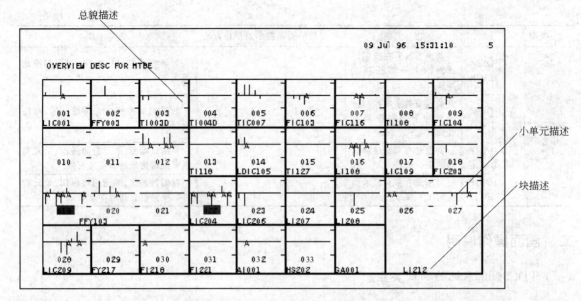

图 2-4 TDC3000 总貌画面

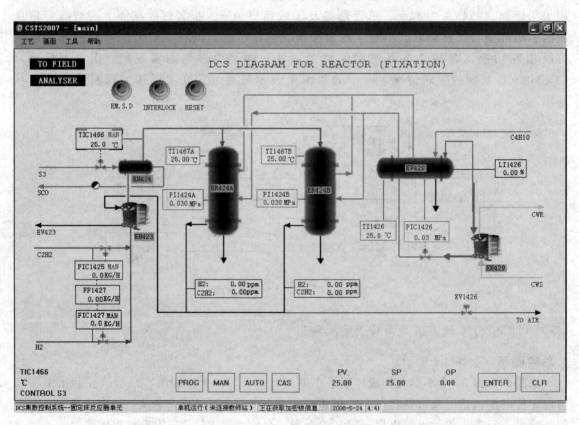

图 2-5 TDC3000 流程图画面

3. 控制组画面

控制组画面有：模拟量控制组（如图 2-6 所示）和数字量控制组（如图 2-7 所示）两种画面。在控制组画面中，除可对其中反映各点的每一块仪表进行操作状态、OP 或 SP 值进行调整外,还能调出相应的趋势组画面和小时平均值画面。

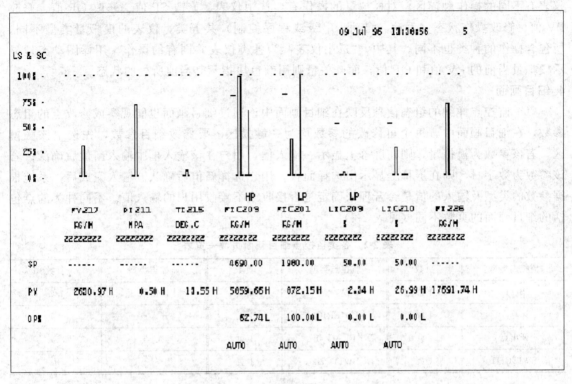

图 2-6　TDC3000 模拟量控制组画面

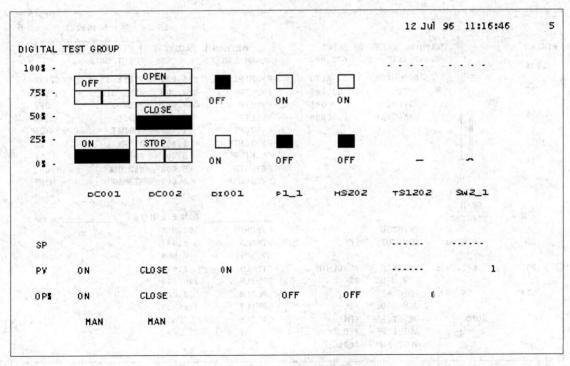

图 2-7　TDC3000 数字量控制组画面

每个模拟量控制组画面最多由八块仪表构成,每块仪表反映一个点的状态,不同类型的仪表有不同的操作触摸区,对模拟量的操作有:选中仪表、修改 SP 值、修改 OP 值、修改 PV 值、修改操作状态(手动、自动、串级或程序控制)共五类,仪表的模拟量类型不同,所包含操作的种类也不同。其中,"选中仪表"为各类仪表共同有的操作。用棒图动态地显示模拟量当前的 PV 值和 OP 值,而开关量则用颜色块指示其当前所处的状态。

4. 细目画面

每个监控点详细的组态信息反映在细目画面中,通过细目画面也能观察或修改点的组态参数。在细目画面中,每个可修改的参数均为一触摸区。要修改细目参数,先选中该触摸区,若该参数为模拟量,则在屏幕上显示一输入框,用户在该输入框中输入新值后确认;若该参数为数字量,则在屏幕上显示出选择面板,用户选择新值后确认。输入完成后,系统根据参数的类型及输入的值是否合理来确定是否接收或不接收用户的输入值。不同种类的点包括的细目画面的页数不同(见表 2-2)。

表 2-2 各类监控点细目画面页数一览表

监控点类型	页数	监控点类型	页数	监控点类型	页数
PID 点	4 页	模入点	2 页	模出点	1 页
计算点	4 页	NUMERIC 点	1 页	开入点	1 页
开出点	1 页	FLAG 点	1 页	DC 点	3 页
SWITCH1	1 页	SWITCH2	1 页		

图 2-8~图 2-11 分别显示的是 PID 点第一页到第四页的细目画面。

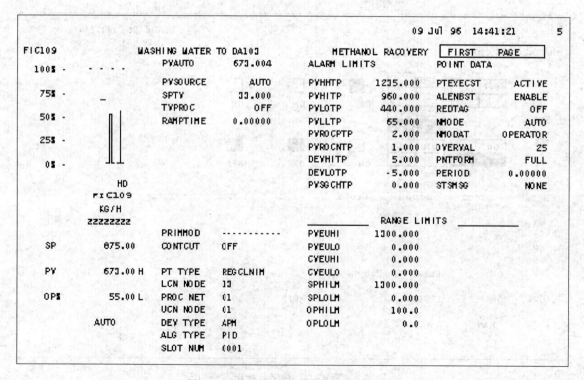

图 2-8 TDC3000 PID 点第一页细目画面

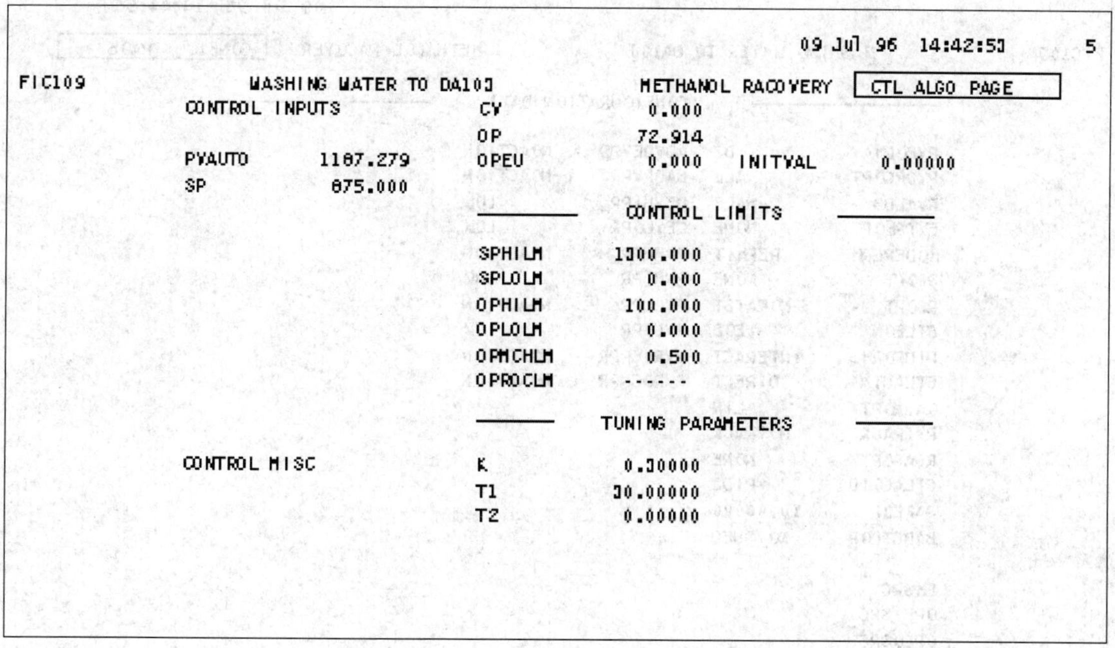

```
FIC109        WASHING WATER TO DA103      METHANOL RACOVERY   [CTL ALGO PAGE]
              CONTROL INPUTS       CV          0.000
                                   OP         72.914
              PVAUTO    1187.279   OPEU        0.000   INITVAL    0.00000
              SP         875.000
                                        ————  CONTROL LIMITS  ————
                                   SPHILM   1300.000
                                   SPLOLM      0.000
                                   OPHILM    100.000
                                   OPLOLM      0.000
                                   OPMCHLM     0.500
                                   OPROCLM    ——————
                                        ————  TUNING PARAMETERS  ————
              CONTROL MISC         K          0.30000
                                   T1        30.00000
                                   T2         0.00000
```

图 2-9　TDC3000PID 点第二页细目画面

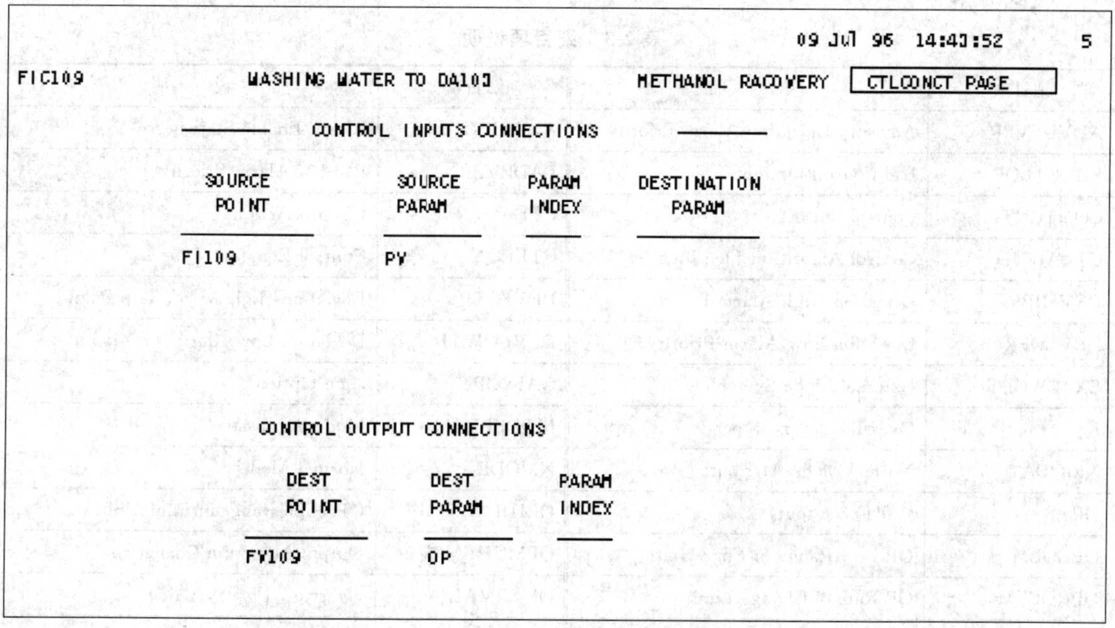

```
FIC109        WASHING WATER TO DA103      METHANOL RACOVERY   [CTLCONCT PAGE]

              ————  CONTROL INPUTS CONNECTIONS  ————

              SOURCE       SOURCE      PARAM      DESTINATION
              POINT        PARAM       INDEX      PARAM

              FI109        PV




                     CONTROL OUTPUT CONNECTIONS

              DEST         DEST        PARAM
              POINT        PARAM       INDEX

              FV109        OP
```

图 2-10　TDC3000PID 点第三页细目画面

```
                                                            09 Jul 96  14:44:56    5
FIC109          WASHING WATER TO DA10J        METHANOL RACOVERY   CONFIG    PAGE

                              CONFIGURATION DATA

                PVFORMAT         D2      ADVDEVPR      NOACTION
                PVSRCOPT         ALL     BADPVPR       NOACTION
                PVALDB           HALF    DEVHIPR       LOW
                EXTSWOPT         NONE    DEVLOPR       LOW
                MODEPERM         PERMIT  PVHHPR        NOACTION
                SPOPT            NONE    PVHIPR        LOW
                RBOPT            NORATBI PVLLPR        NOACTION
                CTLEQN           EQB     PVLOPR        LOW
                PIDFORM          INTERACT PVROCPPR     NOACTION
                CTLACTN          DIRECT  PVROCNPR      NOACTION
                GAINOPT          LIN
                PVTRACK          NOTRACK
                RCASOPT          NONE
                CTLALGID         PID2
                SAFEOP           10.00000
                BADCTLOP         NO_SHED

                LMSRC
                OPHISRC
                OPLOSRC

                USERID           ------------------
```

图 2-11 TDC3000 PID 点第四页细目画面

各细目项缩写的说明见表 2-3。

表 2-3 细目项说明

细目项	说　　明	细目项	说　　明
ADVDEVPR	Advisory Deviation Alarm Priority	ALENBST	Alarm Enable Status
BADCTLOP	Bad Control Option	BADPVPR	Bad-PV Alarm Priority
CONTCUT	Control Cut off	CTLACTN	Control Action
CTLALGID	Control Algorithm Identifier	CTLEQN	Control Equation Type
DEVHIPR	Deviation High Alarm Priority	DEVHITP	Deviation High Alarm Trip Point
DEVLOPR	Deviation Low Alarm Priority	DEVLOWTP	Deviation Low Alarm Trip Point
EXTSWOPT	External Mode Switching	GAINOPT	Gain Option
K	Overall Gain in % per %	MODEPERM	Mode Permissive
NMODAT	Normal Mode Attribute	NMODE	Normal Mode
OP	输出值(Output)	OPHILM	OP High Range in Engr Units
OPLOLM	OP Low Range in Engr Units	OPMCHLM	Output Minimum Change in %
OPROCLM	OP Rate of Change Limit in %	OVERVAL	Overview Display Value
PERIOD	采样周期	PIDFORM	PID Controller Form
PNTFORM	Point Form	PRIMMOD	Primmary Mode
PT TYPE	Point Type	PTEXECST	Point Execute Status
PV	测量值(Process Variable)	PVALDB	PV Alarm Deadband

续表

细目项	说　　明	细目项	说　　明
PVAUTO	PV 源为 AUTO 时的 PV 值	PVEUHI	PV High Range in Engr Units
PVEULO	PV Low Range in Engr Units	PVFORMAT	PV Decimal Point Format
PVHHPR	PV High High Alarm Priority	PVHHTP	PV High High Alarm Trip Point
PVHIPR	PV High Alarm Priority	PVHITP	PV High Alarm Trip Point
PVLLPR	PV Low Low Alarm Priority	PVLLTP	PV Low Low Alarm Trip Point
PVLOPR	PV Low Alarm Priority	PVLOTP	PV Low Alarm Trip Point
PVROCNPR	PV Neg Rate of Chg Alarm Priority	PVROCNTP	PV Neg Rate of Chg Trip Point
PVROCPR	PV Rate of Chg Alarm Priority	PVROCPTP	PV Rate of Chg Trip Point
PVSGCHTP	PV signif Chg Alarm Trip Point	PVSOURCE	PV 源
PVSRCOPT	PV Source Option	PVTRACK	PV Tracking Option
RAMPTIME	爬升时间	RBOPT	Ratio Bias Option
RCASOPT	Remote Cascade Option	REDTAG	
SAFEOP	Safe Output	SP	设定值（Setpoint）
SPHILM	SP High Range in Engr Units	SPLOLM	SP Low Range in Engr Units
SPOPT	Set Point Option	STSMSG	Status Message
T1	Integral Time in Minutes	T2	Derivative Time in Minutes
TVPROC		USERID	User ID

5. 趋势画面

TDC3000 系统共有三种类型的趋势画面：趋势总貌画面、单元趋势画面和趋势组画面。

每个趋势总貌画面最多可由 12 个趋势图构成（如图 2-12 所示），而各趋势图可以包括该区域中的两个点的趋势。每个单元趋势画面最多也可由 12 个趋势图构成，各趋势图可以包括该单元中的两个点的趋势。单元趋势与趋势总貌画面的显示方式完全相同。

趋势组画面反映的是当前控制组画面中的"可趋势点"的实时（RT）或历史（HM）趋势（如图 2-13 所示）。可以由一个或两个趋势图组成。每个趋势图中最多可有四条趋势线。分别用四种不同的颜色表示，与每个趋势点上方的趋势标记颜色相对应在该画面中可对趋势图进行各种操作。

6. 报警画面

TDC3000 系统包括三种类型的报警画面：报警灯屏画面、单元报警画面、区域报警画面。报警灯屏画面（如图 2-14 所示）由上部、中部和底部构成，其中上部显示最新发生的 5 条最高优先级报警；中部 60 个报警灯块，每个报警灯最多可包括 10 个点，每个报警灯都可定义一个相关画面；底部显示所有单元的报警状态。

单元报警画面（如图 2-15 所示）的显示内容包括：上部显示一条最新最高优先级报警；中部显示当前单元最新报警信息（每页最多 15 条，最多 5 页）；底部显示所有单元的报警状态。

区域报警画面的布局与单元报警画面的相似。

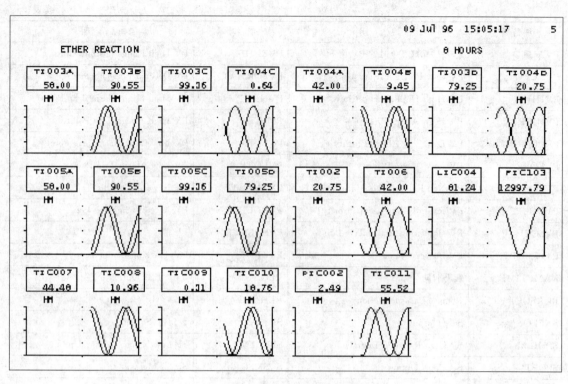

图 2-12　TDC3000 趋势总貌画面

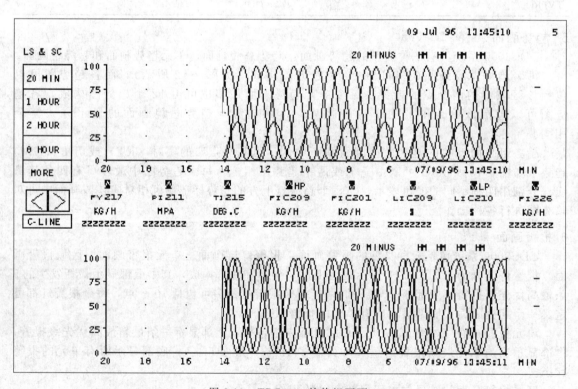

图 2-13　TDC3000 趋势组画面

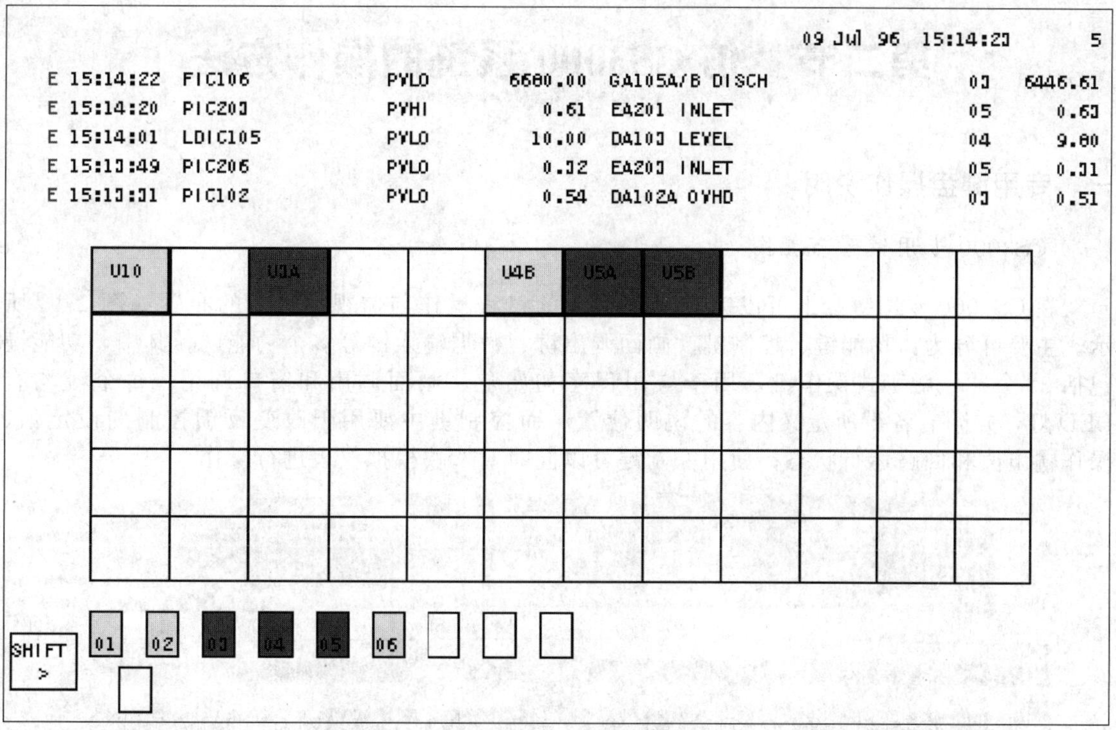
09 Jul 96 15:14:23 5
E 15:14:22 FIC106 PVLO 6680.00 GA105A/B DISCH 03 6446.61
E 15:14:20 PIC203 PVHI 0.61 EA201 INLET 05 0.63
E 15:14:01 LDIC105 PVLO 10.00 DA103 LEVEL 04 9.80
E 15:13:49 PIC206 PVLO 0.32 EA203 INLET 05 0.31
E 15:13:31 PIC102 PVLO 0.54 DA102A OVHD 03 0.51
U10
U3A
U4B
U5A
U5B
SHIFT >
01
02
03
04
05
06

图 2-14 TDC3000 报警灯屏画面

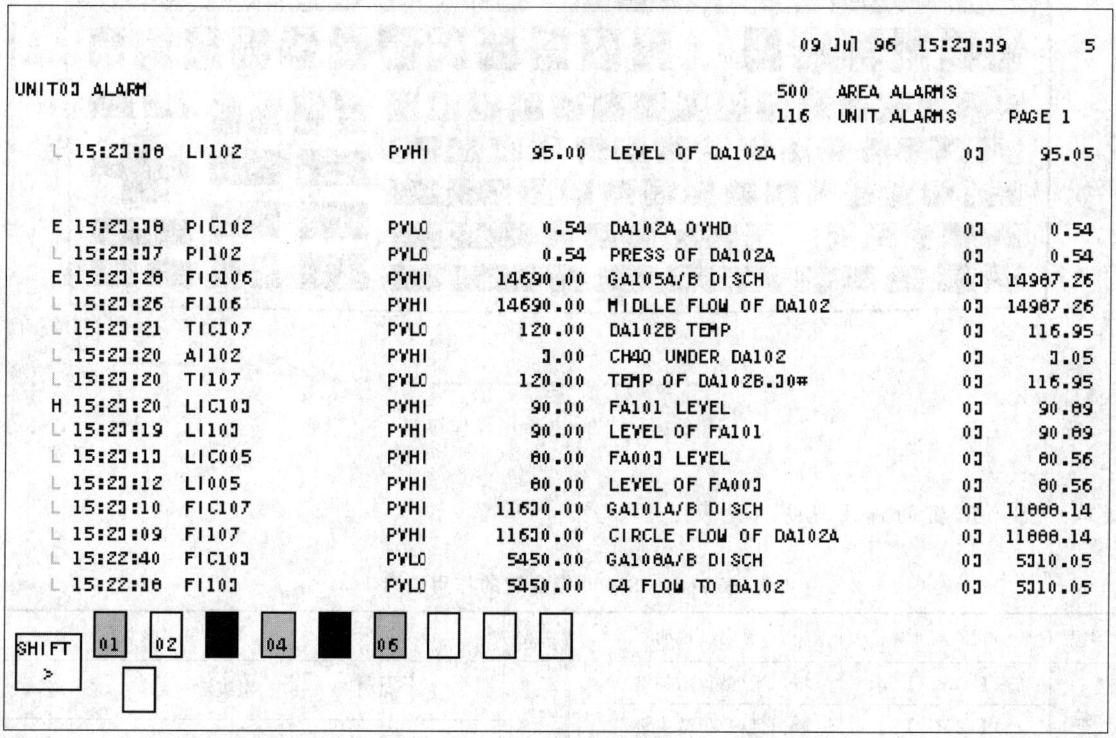
09 Jul 96 15:23:39 5
UNIT03 ALARM
500 AREA ALARMS
116 UNIT ALARMS PAGE 1
L 15:23:38 LI102 PVHI 95.00 LEVEL OF DA102A 03 95.05
E 15:23:38 PIC102 PVLO 0.54 DA102A OVHD 03 0.54
L 15:23:37 PI102 PVLO 0.54 PRESS OF DA102A 03 0.54
E 15:23:28 FIC106 PVHI 14690.00 GA105A/B DISCH 03 14987.26
L 15:23:26 FI106 PVHI 14690.00 MIDLLE FLOW OF DA102 03 14987.26
L 15:23:21 TIC107 PVLO 120.00 DA102B TEMP 03 116.95
L 15:23:20 AI102 PVHI 3.00 CH4O UNDER DA102 03 3.05
L 15:23:20 TI107 PVLO 120.00 TEMP OF DA102B.30# 03 116.95
H 15:23:20 LIC103 PVHI 90.00 FA101 LEVEL 03 90.89
L 15:23:19 LI103 PVHI 90.00 LEVEL OF FA101 03 90.89
L 15:23:13 LIC005 PVHI 80.00 FA003 LEVEL 03 80.56
L 15:23:12 LI005 PVHI 80.00 LEVEL OF FA003 03 80.56
L 15:23:10 FIC107 PVHI 11630.00 GA101A/B DISCH 03 11888.14
L 15:23:09 FI107 PVHI 11630.00 CIRCLE FLOW OF DA102A 03 11888.14
L 15:22:40 FIC103 PVLO 5450.00 GA108A/B DISCH 03 5310.05
L 15:22:38 FI103 PVLO 5450.00 C4 FLOW TO DA102 03 5310.05
SHIFT >
01
02
04
06

图 2-15 TDC3000 单元报警画面

第二节 仿 CS3000 系统的操作方法

一、专用键盘操作说明

（一）CS3000 专用键盘布置图

在 CS3000 专用键盘上可以完成所有 ICS 的过程操作与监视。键盘的布置如图 2-16 所示。主要可分为：功能键、控制键、画面调出键、数据输入键等多个功能区。其中，功能键包括 32 个"一触"式操作键，用于应用程序初始化、画面调用和窗口调用，每个键均有 LED 灯，并附有各键所定义内容的说明位置。而控制键主要用于改变反馈控制的设定值、操作输出值和回路运行状态；使用控制键可以同时对八块模拟仪表进行操作。

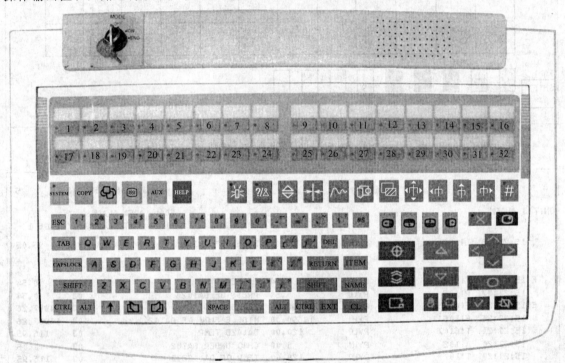

图 2-16 CS3000 专用操作键盘

（二）CS3000 键的作用说明（见表 2-4）

表 2-4 CS3000 键盘键的作用说明

类型	键形	键名及说明	类型	键形	键名及说明
控制键	【△】	增加键（数值增加键）	控制键	【▢】	串级键
	【▽】	减少键（数值减少键）		【✋】	手动方式变更键
	【⊕】	设定点变更键（改变设定点）		【▢】	自动方式变更键
	【≋】	操作加速键			

类型	键形	键名及说明	类型	键形	键名及说明
确认键	【×】	取消键	画面调出键	【∿】	趋势组画面键
	【□】	确认键		【▭】	流程图画面键
功能键	【▭】	具有LED灯的可自己组态的功能键(32个键)		【▭】	过程报告画面键
数据输入键	【0】~【9】	0~9共10个数字		【#】	总貌画面键
	【A】~【Z】	A~Z共26个英文字母	辅助画面键	【SYSTEM】	系统状态键
	【NAME】	调输入窗口键		【COPY】	拷贝键(初始化硬拷贝)
	【ITEM】	项目键(用于选择数据项目)		【▭】	画面切换键(切换上部与下部CRT显示画面)
	【BS】	补空键(退格键)			
	【RETURN】	输入键		【▨】	画面清除键
翻卷键	【◀】【▶】	用于翻卷画面		【HELP】	帮助键
	【▲】【↔】	(主要用于趋势和流程图画面)		【↑】	向上箭头键(与移动光标键同时使用,功能与鼠标相同)
光标键	【◇】	移动光标键		【CL】	消除键(取消操作或删除输入区)
	【□】	显示键(例如:调出输入区)		【▱】	向前翻页键
				【▱】	向后翻页键
画面调出键	【☼】	报警汇总画面键	报警确认键	【∨】	报警确认键
	?/&	操作指导画面键		【▭】	报警消音键
	【⇕】	控制组画面键	确认键	【×】	操作取消键
	【→|←】	调整画面键		【□】	操作确认键

二、画面操作说明

(一) CS3000 系统的画面类型

如图 2-17 所示的系统窗口会随着 CS3000 的启动就出现在屏幕上方,此窗口为 CS3000 的常驻窗口,只有 CS3000 退出窗口才消失;屏幕上所有其他应用程序不可占用此位置。CS3000 为多窗口操作系统,但最多只能同时打开五个窗口(包括仪表面板窗口)。点击系统菜单调用键、工具栏调用键、输入窗口调用键,将分别弹出的画面见图 2-18~图 2-20。

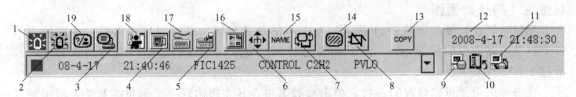

图 2-17 CS3000 系统窗口

1—过程报警调用键;2—系统报警调用键;3—信息调用键;4—系统菜单调用键;5—预制菜单调用键;
6—浏览窗口调用键;7—窗口切换键;8—系统消声键;9—数据备份键;10—仿真用键;11—系统菜单键;
12—日期时间信息;13—屏幕复制键;14—关闭窗口键;15—输入窗口调用键;16—工具栏调用键;
17—移动菜单调用键;18—用户登录窗口调用键;19—操作指导调用键

（二）CS3000 系统的常用画面及其说明

CS3000 系统中画面类型主要有：浏览画面、总貌画面、控制组画面、细目（调整）画面、流程图画面、趋势组画面、报警画面，这些画面都能通过一定的方式相互调用。

图 2-18　CS3000 的系统菜单

1. 浏览画面（如图 2-21 所示）

浏览窗口将所有画面名显示为树型结构，在此双击任何一个画面名可将相应的画面打开。

2. 总貌画面

总貌画面有多种类型，但都是以 4×8 模式最多显示 32 幅画面描述，且如果有报警则为红色闪烁，否则为白色。在其中任何一幅画面描述上双击可显示和调用该幅画面，画面下方的"上一页"和"下一页"可显示其他总貌画面，并且是在这一页显示。图 2-22 是一控制组总貌画面。

3. 控制组画面（如图 2-23 所示）

控制组画面显示控制组中所组态的各个仪表状态；每一块仪表的最上方为该仪表名和该仪表的描述，下面为报警状态、手自动状态，在下方根据表的类型不同先显示 PV、SV 和 MV 的数值显示，然后是图形显示。其中棒图为 PV，左边的三角为 MV 显示，如可以操作为红色（手动时），否则为黄色。右边的三角为 SV 显示，如可以操作为红色（自动时），否则为黄色。在控制组画面上不能直接修改仪表，必须双击仪表名显示区调出仪表画面后才能进行操作。

图 2-19　CS3000 系统工具栏窗口

图 2-20　CS3000 系统输入窗口

4. 细目（调整）画面

细目（调整）画面如图 2-24 所示。左上半部是参数区，显示细目（调整）画面的点的各个参数（参数说明见表 2-5）。左下部为趋势区，显示这个点的趋势。右边为仪表区，显示这个点的仪表块。

在参数区对于可以修改的参数，单击参数名将在其左边出现一个绿色的箭头，双击则可弹出如图 2-25 所示的参数修改窗口；点击向上的箭头参数增加 1%，点击向下箭头参数减少 1%。要改变控制方式（MODE），可直接输入 "MAN"、"AUTO" 或 "CAS"。

在趋势区可通过工具栏中的按钮，改变趋势图的数据轴或时间轴放大倍数，也可设定或取消暂停方式。

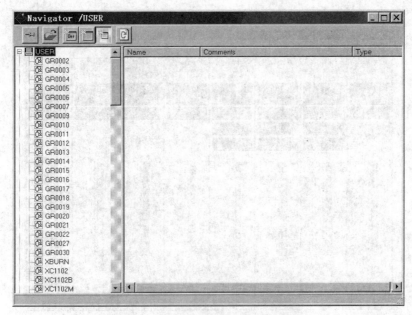

图 2-21 CS3000 系统浏览窗口画面

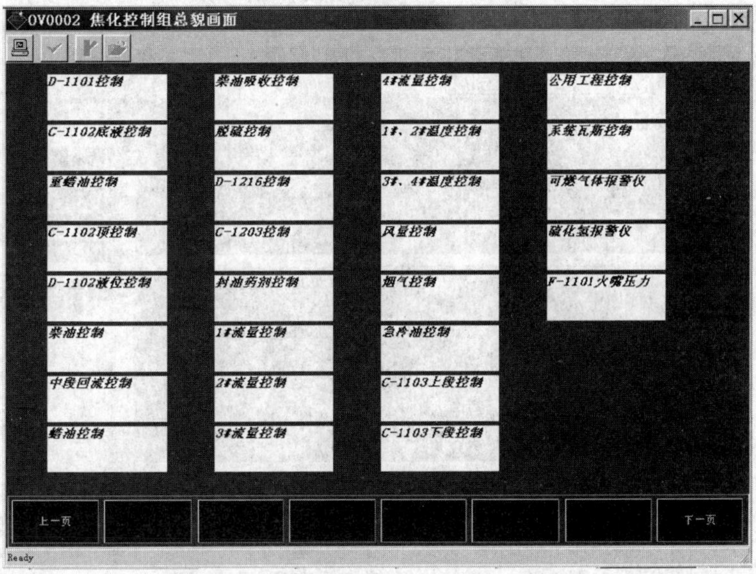

图 2-22 CS3000 系统控制组总貌画面

表 2-5 CS3000 系统细目（调整）画面参数说明

参数缩写	参数的意义	参数缩写	参数的意义	参数缩写	参数的意义
MODE	块方式	OPLO	输出低限标志	ML	操作输出低限值
ALRM	报警状态	HH	高高限报警设定值	P	比例带
SH	刻度高限	PH	高限报警设定值	I	积分时间
SL	刻度低限	PL	低限报警设定值	D	微分时间
PV	过程测量值	LL	低低限报警设定值	GW	间隙宽度
SV	设定值	VL	变化率报警设定值	DB	死区带
MV	操作输出值	DL	偏差报警设定值	CK	补偿增益
DV	控制偏差	SVH	设定值高限值	CB	补偿基准
SUM	累计值	SVL	设定值低限值	PMV	预调整操作输出值
OPHI	输出高限标志	MH	操作输出高限值		

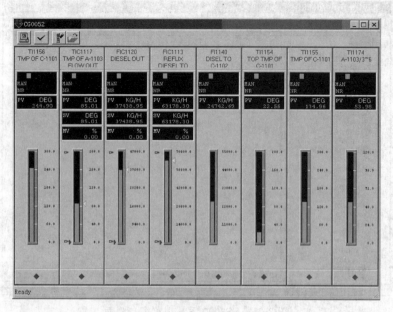

图 2-23 CS3000 系统控制组画面

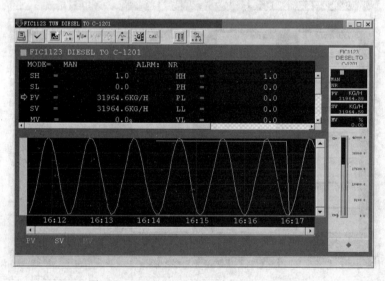

图 2-24 CS3000 系统细目（调整）画面

对仪表区中的仪表块可如其他画面中的仪表块一样进行操作。具体的操作方法可参照仪表操作部分。

5. 流程图画面（如图 2-26 所示）

这里的流程图是指仿真教学系统中的 DCS 画面。在该画面中如果是可操作点，单击自控仪表框，在仪表框前面会出现一个绿色箭头（见实际软件界面），双击则可弹出这个仪表点的仪表面板，其操作方法与其他画面中的仪表块一样。在流程图下部操作区可双击调用相应的画面，单击其中"上一页"和"下一页"，可在本窗口中打开其他流程图画面。

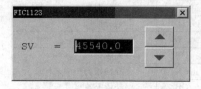

图 2-25 CS3000 系统参数修改窗口

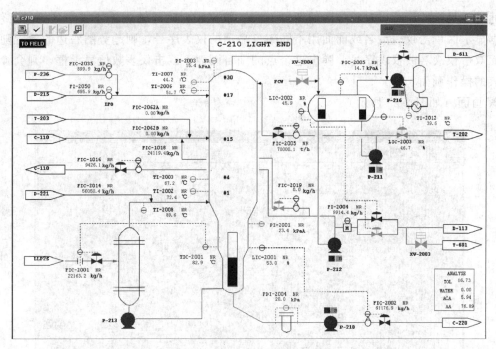

图 2-26 CS3000 系统流程图画面

6. **趋势组画面**（如图 2-27 所示）

趋势组画面最上方为工具栏按钮，之下是用不同颜色显示的各仪表点上限；中间为趋势图显示，下方用不同颜色显示各仪表点的下限；右边显示各仪表点名及其在指定时间的测定值。每页趋势组画面最多可显示八块仪表。

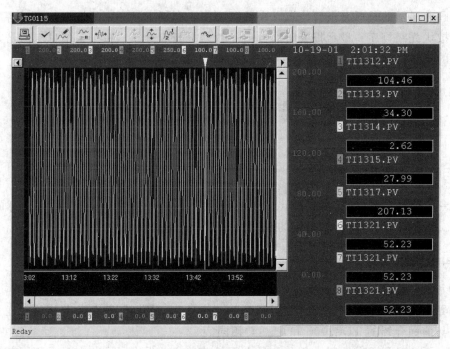

图 2-27 CS3000 系统趋势组画面

通过工具栏按钮可以对趋势图的暂停方式、数据轴、时间轴、趋势线序号等进行修改。在数据显示区单击仪表点名或前面用不同颜色显示的仪表序号,则趋势图右边的量程随之改变。而双击仪表名或仪表序号,弹出这个点的细目画面。双击仪表数值显示框,则会弹出这个仪表的操作画面。

7. 报警画面（如图 2-28 所示）

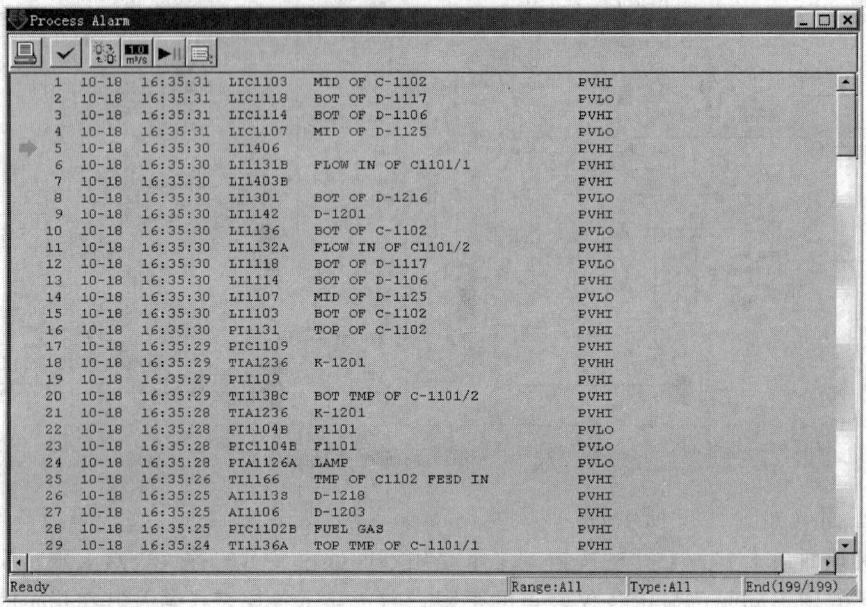

图 2-28　CS3000 系统报警画面

报警画面显示的是所有报警信息。在此画面中,利用工具栏中的按钮,可对各条报警进行确认、按优先级排序、显示报警时的数值、暂停报警等操作。在报警信息上双击,会弹出该报警点的仪表操作面板。

第三节　仿 I/A 系统的操作方法

一、专用键盘操作说明

I/A 专用键盘布置如图 2-29 所示。其中,功能键包括 32 个,是具有 LED 灯的可自己组态的键。而数字输入/光标移动键的功能由数字锁定键进行切换。

二、画面操作说明

1. 启动界面/流程图画面（如图 2-30 所示）

启动界面初始化菜单有"工艺"、"画面"、"工具"、"帮助"菜单,其相关的任务栏及其操作方法与前面介绍的 TDC3000 和 CS000 相同。

从上到下启动界面分为四个部分:最上面是菜单栏,根据不同状态显示不同菜单。第二部分是系统栏,显示当前运行日期、时间及过程调用报警按钮以及报警标志;其中,如果系统已经有过程报警并且没有确认，Process 按钮上显示为红色闪烁，否则为红色（已确认）或绿色（无报警）。第三部分占据的画幅最大，又分为左、右两部分；左边为系统按钮区，可根据需要定义按钮样式及功能，可定义显示或不显示；右边为画面显示区，可根据需要显示不同画面。最下方为状态栏，显示当前所操作的单元、运行模式及时间。

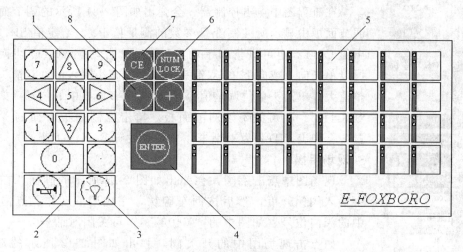

图 2-29　I/A 专用键盘布置图

1—数字输入/光标移动键；2—消音键；3—报警灯测试键；4—回车键；5—功能键；
6—数字锁定键；7—输入清除键；8—符号键

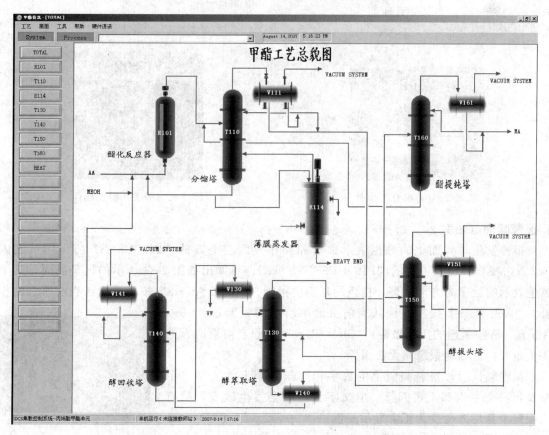

图 2-30　I/A 启动界面/流程图画面

启动界面也是流程图画面，在流程图画面中移动鼠标到可以操作的区域时，会变成手形状，点击这个区域，将根据组态要求调出其他的流程图或弹出操作仪表面板或其他操作（这取决于组态内容）。

2. 调节面板

在流程图中点击控制器，会弹出如图 2-31 所示的调节面板。在调节面板中显示所控制变量参数的测量值 PV、给定值 SP、当前输出值 OUT，也可进行"手动"MAN/"自动"AUTO 切换，同时可以单击向上或向下单/双箭头来增大或减小输入值（双箭头单位调整值大、单箭头单位调整值小）；单击调节面板中的位号（如图中的"FIC112"），可关闭该调节面板。单击控制面板下面的"参数设置"会弹出 PID 设置对话框，主要是设置 P、I、D 值。

3. 现场手操

现场图中点击手阀，会弹出如图 2-32 所示的画面。在输入框中输入阀门开度，然后按回车确认，完成调节动作。点击对画面中的阀门位号（如图中的"V402"），可关闭对话框。

如点击现场图中的开关阀，弹出如图 2-33 所示的对话框，点击 open/close，则弹出如图 2-34 所示的确认对话框，点击 YES/NO，确认是否开关阀门，点击对话框中的阀门位号，可关闭画面。

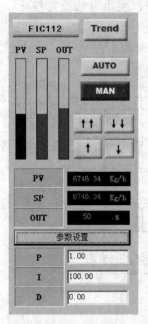

图 2-31　I/A 系统调节面板

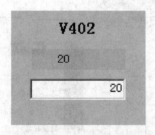

图 2-32　手阀操作画面

图 2-33　开关阀操作画面

4. 报警画面（如图 2-35 所示）

报警发生时界面上的数据表示框会和操作界面左上方的"PROCESS"方框图一起闪烁，点击操作界面左上方的"PROCESS"方框图，可调出如图 2-34 所示的报警画面，其中黄色表示的数字为当前报警，白色的是历史报警。"ACK Alarm"按钮是确认当前所选的报警；"Ack Page"按钮是确认当前页面中所有的报警；"Clear Alarm"清除所选的历史报警；"Clear Page"清除当前页所有的历史报警，但当前报警均无法清除。

报警确认后，报警画面上的数字和操作界面上的文字显示框及报警文字均都不再闪烁，但文字颜色不会发生改变，只有当报警消除后才会变为正常显示颜色。

趋势画面如图 2-36 所示。

图 2-34　开关阀操作确认画面

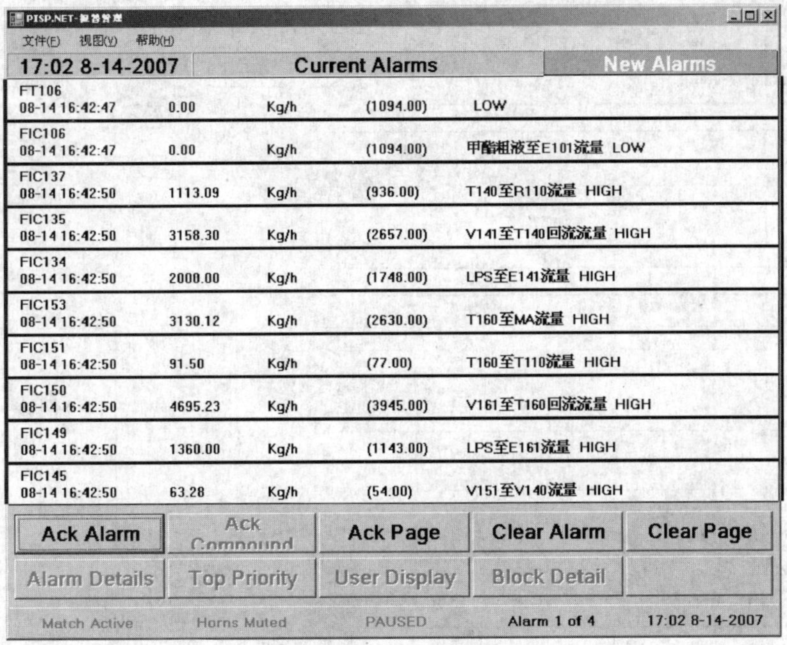

图 2-35 I/A 系统报警画面

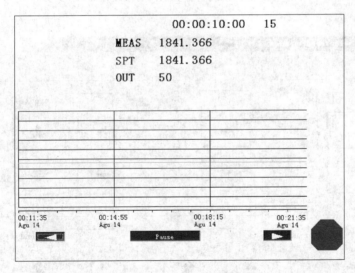

图 2-36 I/A 系统趋势画面

点击调节面板中的"Trend"按钮可查看显示数值的趋势画面,并可对其显示时间范围进行调节;单击画面中右下角的八边形可关闭趋势画面。

用鼠标右键单击趋势显示部位,弹出如图 2-37 所示的界面。

在图 2-37 中点击按钮"Duration Selection",会弹出如图 2-38 所示的界面。

可在图 2-38 中修改趋势持续时间及扫描速度。

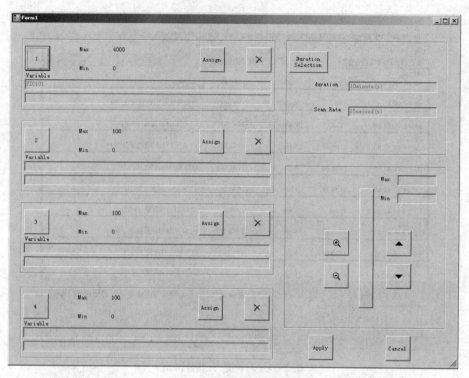

图 2-37 I/A 系统趋势显示内容修改界面（一）

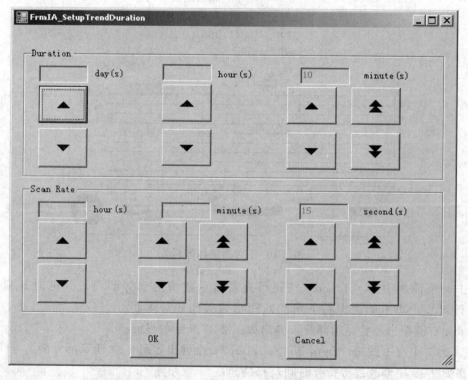

图 2-38 I/A 系统趋势显示内容修改界面（二）

第三章 单元操作仿真实训

关于各培训单元的使用方法作如下几点说明。

① 调节阀组的启用,除各单元中所介绍的方法外,为保护调节阀,还可以用另一种方法,即在启用调节阀时,先开旁路阀,调节稳定后,再打开调节阀的前后手阀,逐渐切换为完全由调节阀控制。当然,也可以由调节阀和旁路阀同时控制。

② 调节器的操作,可以是先手动调节到正常值并稳定后,再投自动;也可以先投自动,再调整其设定值进行控制。但要注意的是:在系统不稳定时,因自控系统滞后的原因,应在手动状态下操作。

③ 生产过程中,引发事故的原因很多,除要严格按照操作规程进行生产外,出现事故后必须首先冷静分析问题、准确做出判断,再根据具体情况制定处理方案。处理事故后应通知相关部门(如仪表维修部门、机修部门等)进行相应的仪表、设备的更换和修理。如是严重的事故,还必须立即通知调度室。

④ 引起紧急停车的情况多种多样,但都必须是先通知调度室或得到调度指令后才能进行。此外,紧急停车的方案应视引发原因而定。

⑤ 仿真培训目的是让受训人员熟练掌握操作规程,因此,在培训操作中,将一些实际需要较长时间才能完成的过程进行了压缩,而一些较基本的设备流程和操作也做了简化;但有些过程是一定要在现场完成的,仿真软件中则只能用一些按钮或符号代替。

⑥ 由于所选仿真培训单元都取材于实际的生产过程,所用单位中有的未采用国际单位制,现将非国际单位的换算列于下。

$1mmH_2O = 9.807Pa$

$1atm = 1.01325 \times 10^5 Pa$

$1kg(f)/cm^2 = 9.807 \times 10^4 Pa$

$1kcal = 4.1868kJ$

⑦ 快捷键的使用方法

a. CS3000 系统的快捷键

总貌图:E	DCS 图:U
控制组图:R	投自动:Ctrl+Fx(Fx 为 F1、F2、F3 等)
投手动:Ctrl+X(X 为 1、2、3 等)	投串级:Ctrl+F11+Fx(Fx 为 F1、F2、F3 等)

b. TDC3000 专用键盘快捷键

DCS 图:Ctrl+1;现场图:Ctrl+2

实训一 离心泵

一、工艺流程简介

来自系统外约 40℃的带压液体经调节阀 LV101 进入带压罐 V101,罐 V101 内压力由控

关联知识

1. 离心泵的结构和工作原理；
2. 气缚产生的原因和危害；
3. 汽蚀产生的原因和危害。

制器 PIC101 分程控制在 5.0atm（表），当压力低于 5.0atm（表）时，调节阀 PV101A 打开加氮气充压，此时调节阀 PV101B 关闭；当压力高于 5.0atm（表）时，调节阀 PV101B 打开泄压，而调节阀 PV101A 关闭

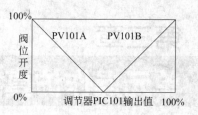

图 3-1　调节器 PIC101 分程动作示意图

（两调节阀的分程动作如图 3-1 所示）。罐 V101 的液位由控制器 LIC101 通过调节 V101 的进料量维持在 50%。液体经泵 P101A/B 送至系统外，泵出口流量由控制器 FIC101 控制在 20000kg/h，离心泵单元带控制点工艺流程如图 3-2 所示。

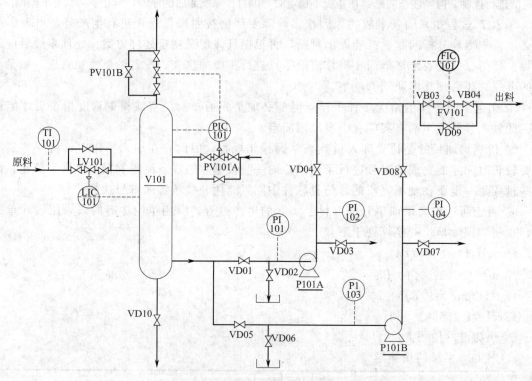

图 3-2　离心泵单元带控制点工艺流程图

二、主要设备（见表 3-1）

表 3-1　主要设备一览表

设备位号	设备名称
P101A	离心泵 A（工作泵）
P101B	离心泵 B（备用泵）
V101	带压液体储罐

三、调节器、显示仪表及现场阀说明

1. 调节器及其正常工况操作参数（如表 3-2 所示）

表 3-2 调节器及其正常工况操作参数

位号	被控变量	所控调节阀位号	正常值	单位	正常工况
PIC101	V101 压力	PV101A PV101B	5.0	atm	投自动、分程控制
LIC101	V101 液位	LV101	50	%	投自动
FIC101	离心泵出口流量	FV101	20000	kg/h	投自动

2. **显示仪表及其正常工况值**（如表 3-3 所示）

表 3-3 显示仪表及其正常工况操作参数

位号	显示变量	正常值	单位
PI101	泵 P101A 入口压力	4.0	atm
PI102	泵 P101A 出口压力	12.0	atm
PI103	泵 P101B 入口压力	4.0	atm
PI104	泵 P101B 出口压力	12.0	atm
TI101	进料温度	40	℃

3. **现场阀说明**（如表 3-4 所示）

表 3-4 现场阀

位号	名称	位号	名称	位号	名称
VD01	P101A 泵前阀	VD05	P101B 泵前阀	VD09	调节阀 FV101 旁通阀
VD02	P101A 泵前泄液阀	VD06	P101B 泵前泄液阀	VD10	V101 罐泄液阀
VD03	P101A 泵排气阀	VD07	P101B 泵排气阀	VB03	调节阀 FV101 前阀
VD04	P101A 泵出口阀	VD08	P101B 泵出口阀	VB04	调节阀 FV101 后阀

四、操作说明

仿 DCS 图如图 3-3 所示，仿现场图如图 3-4 所示。

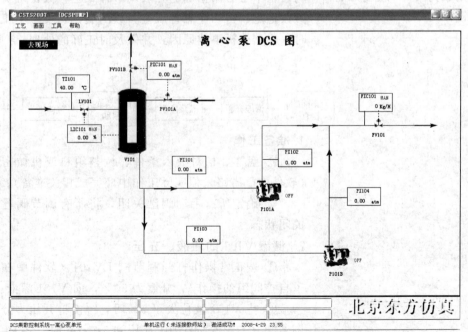

图 3-3 离心泵单元仿 DCS 图

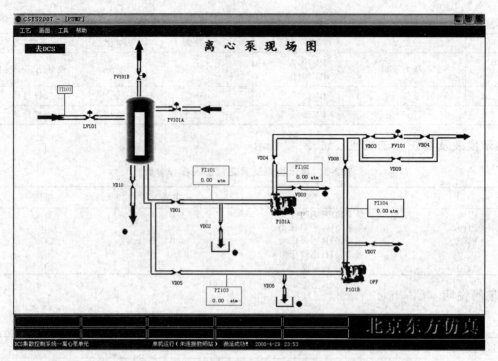

图 3-4 离心泵单元仿现场图

(一) 正常运行

相关操作提示

进出系统液体流量的平衡是维持 V101 液位稳定的关键。

熟悉工艺流程和各工艺参数（相关工艺参数见表 3-2 和表 3-3），尝试调节各阀门，观察其对各工艺参数的影响，从中学习用正确的方法调节各工艺参数，维护各工艺参数稳定；密切注意各工艺参数的变化，发现不正常变化时，应先分析事故原因，并做及时正确的处理。

(二) 冷态开车

1. 准备工作

① 盘车、核对吸入条件、调整填料或机械密封装置（软件中已省略，但实际工作中应完成相关准备）。

② 确定所有手动阀已关闭，将所有调节阀置于手动关闭状态。

2. 储罐 V101 的灌液、充压

① 按正常操作打开调节阀 LV101（软件中在此简化了自控阀组的操作），开度为 50%，向 V101 灌液。

② 待 V101 液位大于 5% 后，缓慢打开压力分程控制调节阀 PV101A 向 V101 充压到 5.0atm 时，将 PIC101 设定为 5.0atm，并投自动。

③ 待 V101 液位达 50% 左右，将调节器 LIC101 设定为 50%，并投自动。

3. 灌泵排气

① 当 V101 充压充到正常值 5.0atm 后，全开泵 P101A 入口阀 VD01，向离心泵充液到其入口压力 PI101 达 5.0atm 时，表示充液已完成。

② 全开 P101A 泵后排气阀 VD03，排放不凝气，当 VD03 出口有液体溢出（显示标志由红变绿）时，表示泵 P101A 中不凝气已排完，关闭 VD03，也表示离心泵启动准备工作已就绪。

4. 启动离心泵 P101A

① 送电启动离心泵（软件中用鼠标点击 P101A，在弹出窗口中再点击按钮 ON）。

② 待泵出口压力 PI102 大于入口压力 PI101 的 1.5～2.0 倍后，全开泵出口阀 VD04。

③ 依次全开泵出口流量调节阀 FV101 前、后手阀 VB03、VB04，逐渐开大调节阀 FV101 开度，使 PI101 和 PI102 趋于正常值。

5. 调整

通过调节器 FIC101 微调调节阀 FV101，当测量值与给定值相对误差在 5% 以内，且较稳定时，将 FIC101 设定为正常值并投自动。

> **相关操作提示**
>
> 1. 自控阀组的组成和作用；
> 2. 自控阀组的组成和正确开启方法；
> 3. 离心泵灌泵和排气的区别；
> 4. 启动离心泵后不能马上开泵出口阀；
> 5. 自动控制器手控与自控的正确切换方法。

（三）正常停车

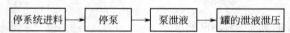
停系统进料 → 停泵 → 泵泄液 → 罐的泄液泄压

1. 停储罐 V101 进料

将调节器 LIC101 设为手动状态，并关闭调节阀 LV101，停止向 V101 进料。

2. 停泵

① 当 V101 液位大于 10% 时，关闭 P101A 泵出口阀 VD04。

② 断电停泵 P101A（软件中用鼠标点击 P101A，在弹出窗口中再点击按钮 OFF）。

③ 关闭 P101A 泵入口阀 VD01。

④ 将调节器 FIC101 设置为手动状态，并通过 FIC101 关闭调节阀 FV101，再依次关闭调节阀 FV101 的后、前阀 VB04、VB03。

3. 泵 PIC101A 泄液

全开 P101A 泄液阀 VD02 至其出口不再有液体流出（显示标志由绿变红）时，关闭 VD02。

4. 储罐 V101 泄液、泄压

① 当储罐 V101 液位小于 10% 时，打开 V101 泄液阀 VD10。

> **相关操作提示**
>
> 1. 调节器在非正常操作状态下设为手动；
> 2. 自控阀组的关闭步骤与开时相反；
> 3. 停泵后要排液。

② 当储罐 V101 液位小于 5% 时，通过调节器 PIC101 打开 V101 泄压阀 PV101B。

③ 当 V101 泄液阀 VD10 出口不再有液体流出（显示标志由绿变红）时，关闭 VD10 和 PV101B。

（四）事故处理（如表 3-5 所示）

表 3-5　事故处理

事故处理名称	主要现象	处理方法
P101A 泵坏	P101A 泵出口压力急剧下降； FIC101 流量急剧减小	切换到备用泵 P101B： ① 按正常操作启动泵 P101B（参见实训一离心泵单元的冷态开车）； ② 待 P101B 进出口压力指示正常，按停泵顺序停止 P101A 运转（参见实训一的正常停车）； ③ 并通知维修部门（软件已简化）
调节阀 FV101 阀卡	FIC101 流量无法调节	打开 FV101 的旁通阀 VD09，关闭 FV101 后手阀和前手阀 VB04、VB03，调节 VD09 开度，使流量稳定到正常值，并通知维修部门（软件已简化）
泵 P101A 入口管线堵	泵 P101A 出、入口压力骤降； FIC101 流量急降至零	切换为泵 P101B
泵 P101A 汽蚀	泵 P101A 出、入口压力上下波动； 泵 P101A 出口流量波动大	切换为泵 P101B
泵 P101A 气缚	泵 P101A 入口压力剧烈波动； 泵体振动，并发出噪声； FIC101 流量近于零	切换为泵 P101B

五、思考题

1. 请简述离心泵的工作原理和结构。
2. 请举例说出除离心泵以外你所知道的其他类型的泵。
3. 什么叫汽蚀现象？汽蚀现象有什么破坏作用？
4. 在什么情况下会发生汽蚀现象？如何防止汽蚀现象发生？
5. 为什么启动前一定要将离心泵灌满被输送液体？
6. 离心泵在启动和停止运行时泵的出口阀应处于什么状态？为什么？
7. 泵 P101A 和泵 P101B 在进行切换时，应如何调节其出口阀 VD04 和 VD08？为什么？
8. 一台离心泵在正常运行一段时间后，流量开始下降，可能会由哪些原因导致？
9. 离心泵出口压力过高或过低应如何调节？
10. 离心泵入口压力过高或过低应如何调节？
11. 若两台性能相同的离心泵串联操作，其输送流量和扬程较单台离心泵相比有什么变化？若两台性能相同的离心泵并联操作，其输送流量和扬程较单台离心泵相比有什么变化？

 拓展思考

1. 离心泵在切换时，一定是先启动备用泵，后关闭常用泵吗？
2. 容积泵的启动和关闭与离心泵有何不同？为什么？

实训二 液位控制

一、工艺流程简介

本流程中有三个储液容器,除原料缓冲罐 V101 是带压容器,且只有一股来料外,中间储槽 V102 和产品储槽 V103 均有两股来料,且为常压储槽(其工艺流程图如图 3-6 所示)。

来自系统外压力为 8atm 的原料液,通过调节器 FIC101 控制流量后,进入带压原料缓冲罐 V101;其压力由控制器 PIC101 分程控制冲压阀 PV101A 和泄压阀 PV101B(两调节阀的分程动作如图 3-5 所示),压力控制在 5.0atm(表);而液位则由液位调节器 LIC101 和流量调节器 FIC102 串级控制(正常值为 50%)。罐 V101 中的液体用泵 P101A/B 抽出,经调节阀 FV102 送至中间储槽 V102,泵的出口压力为 9atm,流量为 20000kg/h。

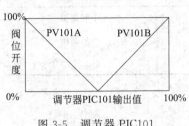

图 3-5 调节器 PIC101 分程动作示意图

关联知识

1. 单回路控制四个基本组成环节;
2. 分程控制回路的构成和动作原理;
3. 比值控制系统的组成、种类和工作原理;
4. 串级控制系统的组成和工作原理。

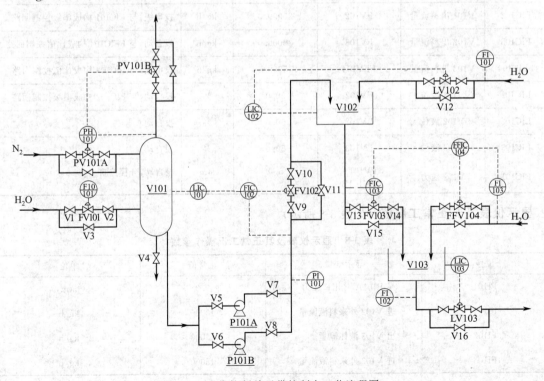

图 3-6 液位控制单元带控制点工艺流程图

中间储槽 V102 的两股来料中，除一股来自罐 V101 外，另一股（压力为 8atm）自系统外经调节阀 LV102 控制进入。V102 的液位由调节器 LIC102 控制为 50%。V102 中的液体靠液位差从其底部流入产品储槽 V103，流量由调节器 FIC103 控制为 30000kg/h。

进入产品储槽 V103 中的液体也有两股。一股来自中间储槽 V102，另一股（压力为 8atm）自系统外来，流量由调节器 FFIC104 与 FIC103 构成的比值控制回路控制为 15000kg/h，比值系数为 2∶1。V103 的液位由调节器 LIC103 控制为 50%。

二、主要设备（如表 3-6 所示）

表 3-6 主要设备一览表

设备位号	设备名称	设备位号	设备名称
P101A	离心泵 A(工作泵)	V102	中间储槽
P101B	离心泵 B(备用泵)	V103	产品储槽
V101	带压原料液缓冲罐		

三、调节器、显示仪表及现场阀说明

1. 调节器及其正常工况操作参数（如表 3-7 所示）

表 3-7 调节器及其正常工况操作参数

位号	被控变量	所控调节阀位号	正常值	单位	正常工况
FIC101	V101 进料流量	FV101	20000.0	kg/h	投自动
FIC102	V101 出料流量	FV102	20000.0	kg/h	投串级，与 LIC101 构成串级控制回路
FIC103	V102 出料流量	FV103	30000.0	kg/h	投自动，与 FFIC104 构成比值控制回路
FFIC104	V103 进料流量	FFV104	15000.0	kg/h	投串级，与 FIC103 构成比值控制回路
LIC101	V101 液位	FV102	50.0	%	投自动，与 FIC102 构成串级控制回路
LIC102	V102 液位	LV102	50.0	%	投自动
LIC103	V103 液位	LV103	50.0	%	投自动
PIC101	V101 压力	PV101A PV101B	5.0	atm	投自动，分程控制

2. 显示仪表及其正常工况值（如表 3-8 所示）

表 3-8 显示仪表及其正常工况操作参数

位号	显示变量	正常值	单位
PI101	泵 P101A/B 出口压力	9.0	atm
FI101	进 V102 外来料液流量	10000	kg/h
FI102	出 V103 液体流量	45000	kg/h
FI103	进 V103 外来料液流量	15000	kg/h

3. 现场阀说明（如表 3-9 所示）

表 3-9　现场阀

位号	名称	位号	名称
V1	FV101 前阀	V9	FV102 前阀
V2	FV101 后阀	V10	FV102 后阀
V3	FV101 旁通阀	V11	FV102 旁通阀
V4	V101 排凝阀	V12	进 V102 外来料调节阀 LV102 的旁通阀
V5	P101A 前阀	V13	FV103 前阀
V6	P101B 前阀	V14	FV103 后阀
V7	P101A 后阀	V15	FV103 旁通阀
V8	P101B 后阀	V16	V103 出料调节阀 LV103 的旁通阀

四、操作说明

仿 DCS 图如图 3-7 所示，仿现场图如图 3-8 所示。

（一）正常运行

熟悉工艺流程和各工艺参数（相关工艺参数见表 3-7 和表 3-8），尝试调节各阀门，观察其对各工艺参数的影响，从中学习用正确的方法调节各工艺参数，维护各工艺参数稳定；密切注意各工艺参数的变化，发现不正常变化时，应先分析事故原因，并做及时正确的处理。

相关操作提示

选择对系统影响最小的参数进行调节是维持 V101、V102、V103 液位稳定的关键。

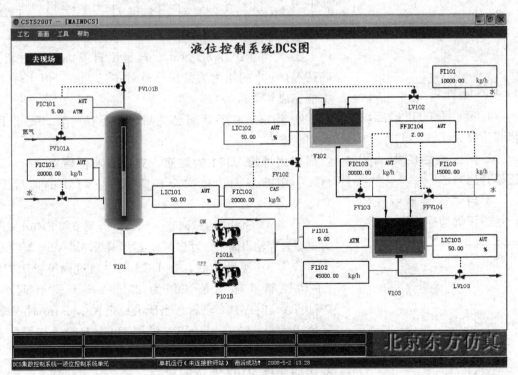

图 3-7　液位控制单元仿 DCS 图

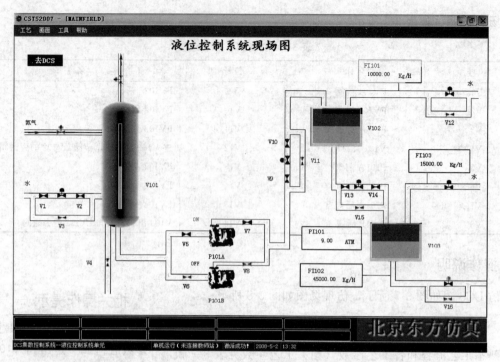

图 3-8 液位控制单元仿现场图

(二) 冷态开车

1. 准备工作

① 对泵 P101A/B 盘车、调整填料或机械密封装置；确认 V101 中的压力为常压（软件中已省略，但实际工作中应完成相关准备）。

相关操作提示

1. 离心泵的正确启动步骤（参见实训一）；
2. 自控阀组的组成和正确开启方法；
3. 自动控制器手控与自控的正确切换方法。

② 确定所有手动阀已关闭，将所有调节阀置于手动关闭状态。

2. 原料缓冲罐 V101 的灌液、充压及液位建立

① 在现场图中依次全开调节阀 FV101 的前后手阀 V1、V2。

② 在 DCS 图中通过调节器 FIC101 开调节阀 FV101（开度为 50%，即输出值 OP 为 50%），给原料缓冲罐 V101 充液。

③ V101 见液位后，在 DCS 图中通过调节器 PIC101（手动控制其输出值 OP 为 20% 左右）打开调节阀 PV101A，向 V101 充压；当压力稳定在 5.0atm 时（即测量值 PV 稳定在 5.0atm），说明 PIC101 的操作已平稳，将 PIC101 投自动（设定值 SP 为 5.0atm）。

3. 中间储槽 V102 液位的建立

① 当 V101 液位达到 40% 以上，且压力达到 5.0atm

时，按正常操作启动工作泵 P101A（当泵出口压力达 10.0atm 时，打开 P101A 泵后阀 V7）。

② 在现场图中依次全开调节阀 FV102 前、后手阀 V9、V10；在 DCS 图中手动控制调节器 FIC102 的输出值 OP，逐渐打开调节阀 FV102，使泵 P101A 出口压力控制在 9.0atm 左右。

③ 在 DCS 图中通过调节器 LIC102 手动打开调节阀 LV102（开度为 50%）。

④ 在 DCS 图中手动打开调节器 LIC101，开度为 50%。

⑤ 当调节器 FIC101 测量值 PV 值接近正常值，并稳定时，说明 FIC101 的操作已平稳，在 DCS 图中将其投自动（设定值 SP 为 20000kg/h）；同理，操作平稳后，分别将调节器 FIC101 和 LIC101 投自动（设定值 SP 分别为 20000kg/h 和 50%），再次观察操作平稳后，将调节器 FIC102 投串级，使其与 LIC101 串级调节 V101 的液位。

⑥ 中间储槽 V102 的液位接近 50% 时，在 DCS 图中将调节器 LIC102 投自动，设定值 SP 为 50%。

4. 产品储槽 V103 液位的建立

① 在现场图中依次全开调节阀 FV103 前、后阀 V13 和 V14；在 DCS 图中手动控制调节器 FIC103 的输出值 OP，逐渐打开调节阀 FV103 至开度为 50%。

② 在 DCS 图中手动控制调节器 FFIC104 的输出值 OP，逐渐打开调节阀 FFV104，并注意控制其开度，使 FIC103 与 FI103 的流量比值为 2∶1（即 FFIC104 显示值为 2.0）。

③ 当中间储槽 V102 液位稳定在 50%，且调节器 FIC103 测量值 PV 稳定在正常值时，在 DCS 图中将 FIC103 投自动（设定值 SP 为 30000kg/h）。

④ 当调节器 FFIC104 测量值 PV 稳定在正常值时，在 DCS 图中将 FFIC104 投自动（设定值 SP 为 2）；再次观察操作稳定后，将 FFIV104 投串级，使其与调节器 FIC103 构成比值控制回路。

5. 流体输出

当产品储槽 V103 液位接近 50% 时，在 DCS 图中手动控制调节器 LIC103 的输出值 OP，逐渐打开调节阀 LV103 至开度为 50%。

6. 调整

当调节器 LIC103 的测量值 PV 稳定在正常值时，在 DCS 图中将调节器 LIC103 投自动，设定值 SP 为 45000kg/h；同时，注意观察调整系统的其他工艺控制指标稳定在正常值。

（三）正常停车

1. 停用原料缓冲罐 V101

① 在 DCS 图中将调节器 FIC101 改设为手动状态，并关闭调节阀 FV101（将调节器 FIC101 输出值 OP 设为 0）；再到现场图中依次关闭其后阀 V2 和前阀 V1，停止向 V101 进料；

② 同时在 DCS 图中将调节器 LIC102 改为手动，并关闭其所控调节阀 LV102；

③ 在 DCS 图中解除调节器 FIC102 串级（改设为自动），并将调节器 LIC101、FIC102 改投手动；调整调节器 FIC102 输出值 OP，控制调节阀 FV102 的开度，维持 P101A/B 出口压力为 9.0atm，使 V101 的液位缓慢下降；

④ 当 V101 的液位降至 10% 时，在 DCS 图中关闭调节阀 FV102，同时到现场图中关闭其后阀 V10 和前阀 V9；再按正常操作停泵 P101A/B。

相关操作提示

1. 调节器在非正常操作状态下设为手动；
2. 自控阀组的关闭步骤与开时相反；
3. 离心泵的正确停泵步骤（参见实训一）。

2. 停用中间储槽 V102

① 当 V102 液位降至 10% 时，到 DCS 图中解除调节器 FFIC104 的串级（改投自动），并将调节器 FIC103 和 FFIC104 改投手动；控制调节阀 FV103 和 FFV104 使流经两者液体的流量比值维持在 2.0 左右。

② 当 V102 液位降至 0 时，在 DCS 图中关闭调节阀 FV103，同时到现场图中关闭其后阀 V14 和前阀 V13；并到 DCS 图中关闭调节阀 FFV104。

3. 停用产品储槽 V103

① 在 DCS 图中将调节器 LIC103 改投手动，并通过改变其输出值 OP，控制调节阀 LV103 的开度，使 V103 液位缓慢下降。

② 当 V103 液位降至 0 时，按正常操作关闭调节阀 LV103。

4. 原料缓冲罐 V101 泄液泄压及泵 P101A/B 的泄液

① 在现场图中打开 V101 排凝阀 V4。

② 当 V101 液位降至 0 时，将调节器 PIC101 改投手动，并通过调节器 PIC101（输出值 OP 大于 50%）打开 V101 泄压阀 PV101B 至 V101 内压力（PIC101 显示值）为常压。

③ 按正常对泵 P101A/B 泄液。

（四）事故处理（如表 3-10 所示）

表 3-10 事故处理

事故处理名称	主要现象	处理方法
P101A 泵坏	P101A 泵出口压力急剧下降；FIC101 流量急剧减小	切换到备用泵 P101B，并通知维修部门
调节阀 FV102 阀卡	FIC102 流量无法调节	打开 FV102 的旁通阀 V11，关闭 FV102 后阀和前阀 V10、V10，调节 V11 开度，使流量稳定到正常值，并通知维修部门

五、思考题

1. 请问在调节器 FIC103 和 FFIC104 组成的比值控制回路中，哪一个是主动量？为什么？并指出这种比值调节属于开环还是闭环控制回路？

2. 为什么在停车时，要先排凝后泄压？

3. 本仿真培训单元包括串级、比值、分程三种复杂控制系统，你能说出它们的特点吗？它们与简单控制系统的差别是什么？

4. 在开/停车时，为什么要特别注意维持流经调节阀 FV103 和 FFV104 的液体流量比值为 2？

5. 为什么在正常生产中，调节器 FFIC104 要投串级？

6. 简述本仿真培训单元所选流程的特点。

7. 请简述开/停车的主要注意事项有哪些？

拓展思考

1. 紧急停车的操作步骤与正常停车一样吗？说明你的理由。
2. 对于本仿真培训单元所选的流程，你有更好的自控方案吗？

实训三 罐区

一、工艺流程简介

本工艺为单独培训罐区操作而设计，其工艺流程图如图 3-9 所示。

来自上一生产设备的约 35℃ 的带压液体，经过阀门 MV101 进入产品日储罐 T01。经离心泵 P101 将产品日储罐 T01 的产品打出，由调节器 FIC101 控制回流量。回流的物料通过换热器 E01，被冷却水逐渐冷却到 33℃ 左右。由泵 P01 打出的少部分产品经阀门 MV102 打回生产系统。当产品日储罐 T01 液位达到 80% 后，阀门 MV101 和阀门 MV102 自动关闭。

产品日储罐 T01 打出的产品经过 T01 的出口阀 MV103 和 T03 的进口阀 MV301 进入产品罐 T03，经离心泵 P301 将产品罐 T03 的产品打出，由调节器 FIC301 控制回流量。回流的物料通过换热器 E03，被冷却水逐渐冷却到 30℃ 左右。

少部分回流物料不经换热器 E03 直接打回产品罐 T03；从包装设备来的产品经过阀门 MV302 打回产品罐 T03，调节器 FIC302 控制这两股物料混合后的流量。T03 中的产品经过 T03 的出口阀 MV303 到包装设备进行包装。

当产品日储罐 T01 的设备发生故障，马上启用备用产品日储罐 T02 及其备用设备，其工艺流程同 T01 生产系统。当产品罐 T03 的设备发生故障，马上启用备用产品罐 T04 及其备用设备，其工艺流程同 T03 生产系统。

关联知识

1. 有关容器基本知识；
2. 化工管路基本知识；
3. 换热基础知识。

二、主要设备（如表 3-11 所示）

表 3-11 主要设备一览表

设备位号	设备名称	设备位号	设备名称
T01	产品日储罐	T03	产品罐
P101	T01 的出料泵	P301	T03 的出料泵
E01	T01 换热器	E03	T03 换热器
T02	备用产品日储罐	T04	备用产品罐
P201	T02 出料泵	P401	T04 出料泵
E02	T02 换热器	E04	T04 换热器

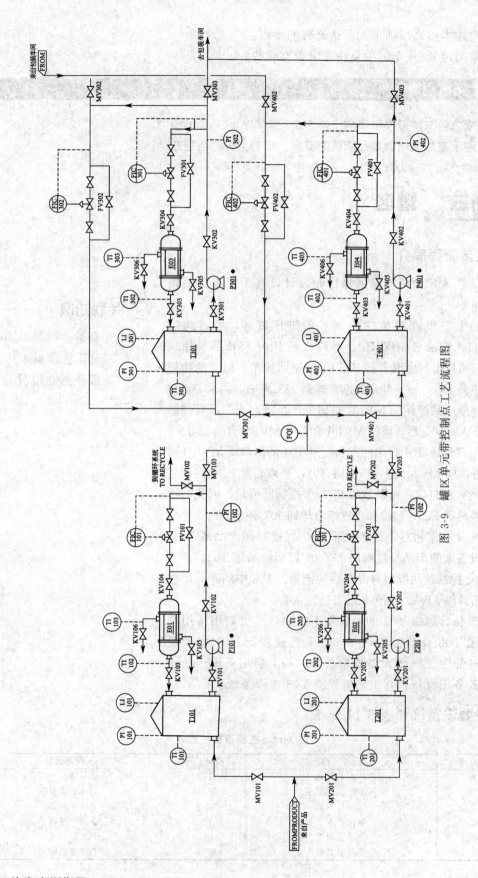

图 3-9 罐区单元带控制点工艺流程图

50 » 化工仿真实训指导

三、调节器、显示仪表及现场阀说明

1. 调节器及其正常工况操作参数（如表3-12所示）

表3-12 调节器及其正常工况操作参数

位号	被控变量	所控调节阀位号	正常值	单位	正常工况
FIC101/FIC201	T01/T02 回流量	FV101/FV201	21384	kg/h	投自动
FIC301/FIC401	T03/T04 回流量	FV301/FV401	21596	kg/h	投自动
FIC302/FIC402	T03/T04 混合回流量	FV302/FV402	1503	kg/h	投自动

2. 显示仪表及其正常工况值（如表3-13所示）

表3-13 显示仪表及其正常工况操作参数

位号	显示变量	正常值	单位	位号	显示变量	正常值	单位
TI101/TI201	T01/T02 罐内温度	33	℃	TI301/TI401	T03/T04 罐内温度	33	℃
TI102/TI202	T01/T02 产品冷却后的温度	32	℃	TI302/TI402	T03/T04 产品冷却后的温度	33	℃
TI103/TI203	E01/E02 冷却水出口温度	18	℃	TI303/TI403	E03/E04 冷却水出口温度	32	℃
LI101/LI201	T01/T02 罐内液位	50	%	LI301/LI401	T03/T04 罐内液位	10	%
PI101/PI201	T01/T02 罐内压力	101.2	kPa	PI301/PI401	T03/T04 罐内压力	21595	kPa
PI102/PI202	P101/P201 出口压力	508	kPa	PI302/PI402	P301/P401 出口压力	547	kPa

3. 现场阀说明（如表3-14所示）

表3-14 现场阀

位号	名称	位号	名称	位号	名称
MV101/MV201	T01/T02 进料阀	KV104/KV204	E01/E02 产品进口阀	KV301/KV401	P301/P401 前阀
MV102/MV202	T01/T02 生产系统出料阀	KV105/KV205	E01/E02 冷却水进口阀	KV302/KV402	P301/P401 后阀
MV103/MV203	T01/T02 出料阀（倒罐阀）	KV106/KV206	E01/E02 冷却水出口阀	KV303/KV403	E03/E04 产品出口阀
KV101/KV201	P101/P201 前阀	MV301/MV401	T03/T04 进料阀	KV304/KV404	E03/E04 产品出口阀
KV102/KV202	P101/P201 后阀	MV302/MV402	T03/T04 包装车间返料阀	KV305/KV405	E03/E04 冷却水进口阀
KV103/KV203	E01/E02 产品出口阀	MV303/MV403	T03/T04 出料阀	KV306/KV406	E03/E04 冷却水出口阀

四、操作说明

仿DCS图、仿现场图、仿联锁图如图3-10～图3-15所示。

（一）工艺流程

熟悉工艺流程和各工艺参数（相关工艺参数见表3-12和表3-13），尝试调节各阀门，观察其对各工艺参数的影响，

相关操作提示

1. 注意各调节器的正常参数。
2. 在正常运行下可训练各种事故处理。

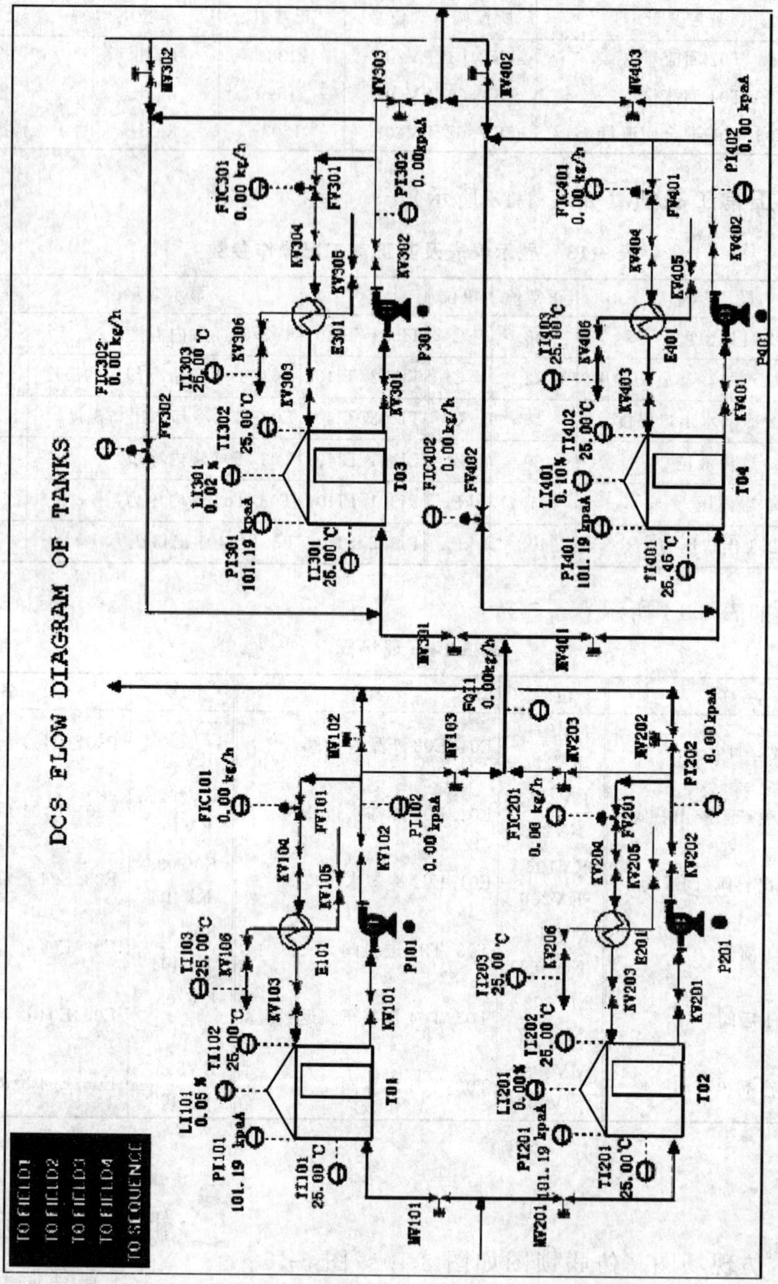

图 3-10 灌区单元仿 DCS 图

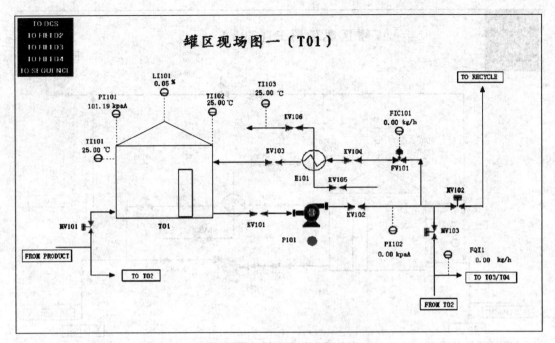

图 3-11　罐区单元仿现场图（T01）

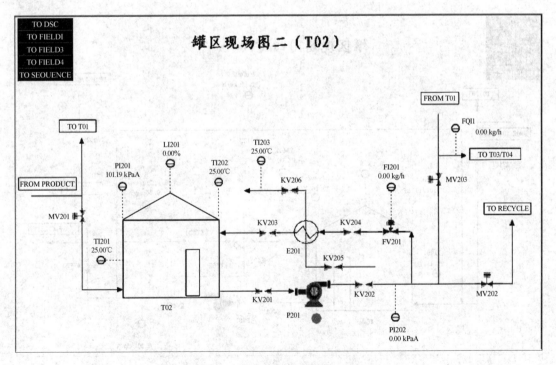

图 3-12　罐区单元仿现场图（T02）

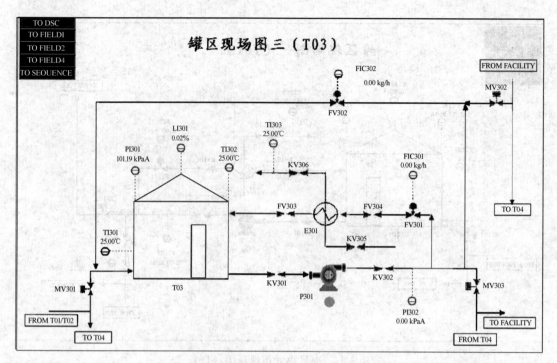

图 3-13　灌区单元仿现场图（T03）

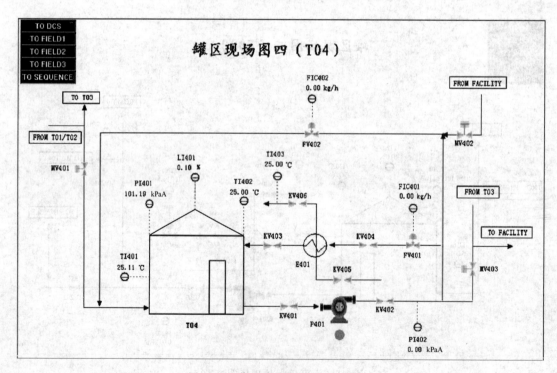

图 3-14　灌区单元仿现场图（T04）

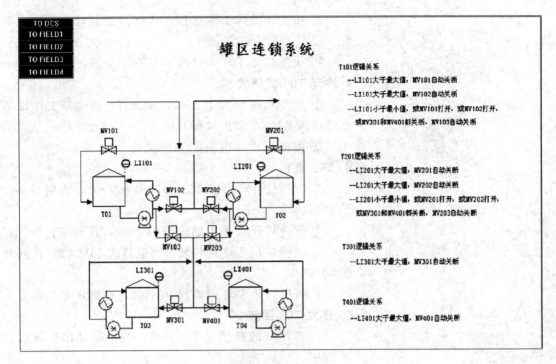

图 3-15 灌区单元仿联锁图

从中学习用正确的方法调节各工艺参数,维护各工艺参数稳定;密切注意各工艺参数的变化,发现不正常变化时,应先分析事故原因,并做及时正确的处理。

(二)冷态开车

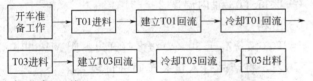

1. 开车准备工作

① 检查产品日储罐 T01 的容积。容积必须达到或超过 10%,不包括储罐余料。

② 检查产品罐 T03 的容积。容积必须达到或超过 10%,不包括储罐余料。

2. T01 进料

缓慢打开产品日储罐 T01 的进料阀 MV101,直到开度 50%。

3. 建立 T01 回流

① 当 T01 液位 LI101 大于 5% 时,按正确操作步骤启动泵 P101。

② 依次打开换热器 E01 热物料进口阀 KV104 和出口阀 KV103。

> **相关操作提示**
> 1. MV103 的开启;
> 2. 注意灌区联锁系统的逻辑关系;
> 3. 自动控制器手控与自控的正确切换方法。

③ 按正确操作步骤打开 T01 回流控制阀 FV101（开度 50%）。

④ 缓慢打开 T01 出口阀 MV102，开度 50%。

4. 冷却 T01 回流物料

① 当 T01 液位大于 10%，依次打开换热器 E01 冷却水进口阀 KV105 和出口阀 KV106。

② 保持 T01 灌内温度 32~34℃。

5. T03 进料

① 缓慢打开产品罐 T03 进口阀 MV301，直到开度大于 50%。

② 缓慢打开罐 T01 倒罐阀 MV103，直到开度 50%。

③ 缓慢打开 T03 的包装车间返料阀 MV302，直到开度 50%。

④ 缓慢打开 T03 回流阀 FIC302，直到开度 50%。

6. 建立 T03 回流

① 当 T03 的液位大于 3%时，按正确操作步骤启动泵 P301。

② 依次打开换热器 E03 热物料进口阀 KV304 和出口阀 KV303。

③ 缓慢打开 T03 回流控制阀 FIC301，直到开度 50%。

7. 冷却 T03 回流物料

① 当 T03 液位大于 5%，依次打开换热器 E03 冷却水进口阀 KV305 和出口阀 KV306。

② 保持 T03 灌内温度 29~31℃。

8. T03 出料

当 T03 液位高于 80%，缓慢打开出料阀 MV303，直到开度 50%，将产品打入包装车间进行包装。

（三）正常停车

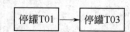

1. 停用罐 T01

① 关闭 T01 进口阀 MV101；

② 关闭 T01 出口阀 MV102；

③ 关闭 T01 回流调节阀 FV101；

④ 按正确操作步骤关闭泵 P101；

⑤ 依次关闭换热器 E01 热物料进口阀 KV104 和出口阀 KV103；

⑥ 关闭换热器 E01 冷物料进口阀 KV105 和出口阀 KV106。

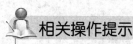

相关操作提示

1. 调节器在非正常操作状态下设为手动；
2. 停车与开车

2. 停用罐 T03

① 关闭 T03 进口阀 MV301；
② 关闭 T03 出口阀 MV302；
③ 关闭 T03 回流调节阀 FV302；
④ 按正确操作步骤关闭泵 P03；
⑤ 关闭换热器 E03 热物料进口阀 KV304 和出口阀 KV303；
⑥ 关闭换热器 E03 冷却水进口阀 KV305 和出口阀 KV306。

（四）事故处理（如表3-15所示）

表 3-15　事故处理

事故处理名称	主要现象	处理方法
P01 泵坏	① P01 泵出口压力为零； ② FIC101 流量急骤减小到零	停用产品罐 T01，启用备用产品罐 T02
换热器 E01 结垢	① 冷物料出口温度低于 17.5℃； ② 热物料出口温度降低极慢	停用产品罐 T01，启用备用产品罐 T02
换热器 E03 热物料串进冷物料	① 冷物料出口温度明显高于正常值； ② 热物料出口温度降低极慢	停用产品罐 T03，启用备用产品罐 T04

五、思考题

1. 如何维持灌区 T03 液位高度？
2. 为什么灌区 T01、T03 出料后还要进行回流操作？
3. 什么时候才开 MV103 阀？
4. 调节阀 FIC302 控制几股物料？分别是什么？
5. 如果 LI301 液位过低，可用什么方法调节？
6. 为什么灌区内的温度不能过高？
7. 联锁系统有什么作用？

拓展思考

如果当中的某个灌区发生泄漏，你觉得应采取何种紧急措施？

实训四　真空系统

一、工艺流程简介

本工艺主要完成三个塔体系统真空抽取。液环真空泵 P416 系统负责塔 A 区真空抽取，正常工作压力为 26.6kPa，并作为 J-451、J-441 喷射泵的二级泵。J-451 是一个串联的二级喷射系统，负责塔 C 区真空抽取，正常工

相关操作提示

1. 压力有几种表示方法；
2. 液封含义。

作压力为 1.33kPa。J-441 为单级喷射泵系统,抽取塔 B 区真空,正常工作压力为 2.33kPa。被抽气体主要成分为可冷凝气相物质和水。由 D417 气水分离后的液相提供给 P416 灌泵或所需液环液相补给;气相进入换热器 E-417,冷凝出的液体回流至 D417,E417 出口气相进入焚烧单元。生产过程中,主要通过调节各泵进口回流量或泵前被抽工艺气体流量来调节压力。

J441 和 J451A/B 两套喷射真空泵分别负责抽取塔 B 区和 C 区,中压蒸汽喷射形成负压,抽取工艺气体。蒸汽和工艺气体混合后,进入 E418、E419、E420 等冷凝器。在冷凝器内大量蒸汽和带水工艺气体被冷凝后,流入 D425 封液罐。未被冷凝的气体一部分作为液环真空泵 P416 的入口回流,一部分作为自身入口回流,以便压力控制调节。

D425 主要作用是为喷射真空泵系统提供封液。防止喷射泵喷射背压过大而无法抽取真空。开车前应该为 D425 灌液,当液位超过大气腿最下端时,方可启动喷射泵系统。

真空系统单元带控制点工艺流程图如图 3-16 所示。

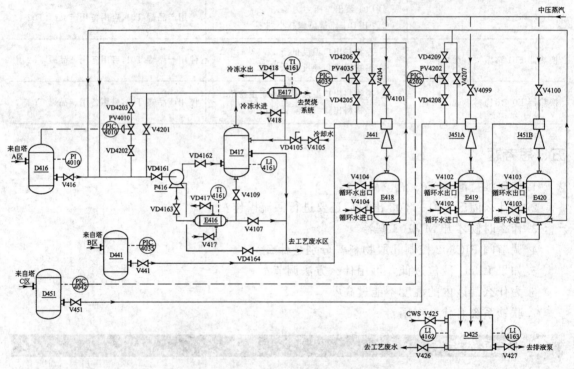

图 3-16 真空系统单元带控制点工艺流程图

二、主要设备（如表 3-16 所示）

表 3-16 主要设备一览表

设备位号	设备名称	设备位号	设备名称
D416	塔 A 区原料气压力缓冲罐	E419	J451A 冷凝器
D441	塔 B 区原料气压力缓冲罐	E420	J451B 冷凝器
D451	塔 C 区原料气压力缓冲罐	P416	液环真空泵
D417	泵 P416 气液分离罐	J441	蒸汽喷射泵
E416	灌水水温冷却器	J451A	蒸汽喷射泵
E417	冷凝器	J451B	蒸汽喷射泵
E418	J441 冷凝器	D425	封液罐

三、调节器、显示仪表及现场阀说明

1. 调节器及其正常工况操作参数（如表 3-17 所示）

表 3-17　调节器及其正常工况操作参数

位号	被控变量	所控调节阀位号	正常值	单位	正常工况
PIC4010	D416 压力	PV4010	26.6	kPa	自动
PIC4035	D441 压力	PV4035	3.33	kPa	自动
PIC4042	D451 压力	PV4042	1.33	kPa	自动

2. 显示仪表及其正常工况值（如表 3-18 所示）

表 3-18　显示仪表及其正常工况操作参数

位号	显示变量	正常值	单位	位号	显示变量	正常值	单位
TI4161	出 E416 循环水温度	8.17	℃	PI4010	D416 压力	26.6	kPa
LI4161	D417 液位	68.78(≥50)	%	PI4035	D441 压力	3.33	kPa
LI4162	D425 左室液位	80	%	PI4042	D451 压力	1.33	kPa
LI4163	D425 右室液位	10	%				

3. 现场阀说明（如表 3-19 所示）

表 3-19　现场阀

位号	名称	位号	名称	位号	名称
V416	塔 A 区截止阀	V4100	J451B 中压蒸汽进口阀	VD4164A	P416A 放水阀
V441	塔 B 区截止阀	V4104	E418 循环水进水阀	VD4164B	P416B 放水阀
V451	塔 C 区截止阀	V4102	E419 循环水进水阀	VD417	E416 循环水出口阀
V4201	PV4010 旁通阀	V4103	E420 循环水进水阀	VD418	E417 冷冻水出口阀
V417	E416 循环水进口阀	V425	D425 进水阀	VD4202	PV4010 后阀
V418	E417 冷冻水进口阀	V426	D425 左室液位调节阀	VD4203	PV4010 前阀
V4109	D417 出水阀	V427	D425 右室液位调节阀	VD4205	PV4035 后阀
V4107	D417 排水阀	VD4161A	P416A 前阀	VD4206	PV4035 前阀
V4105	D417 补水进口阀	VD4162A	P416A 后阀	VD4208	PV4042 后阀
V4204	PV4035 旁通阀	VD4161B	P416B 前阀	VD4209	PV4042 前阀
V4207	PV4042 旁通阀	VD4162B	P416B 后阀	VD4102	E419 循环水出口阀
V4101	J441 中压蒸汽进口阀	VD4163A	P416A 灌水阀	VD4103	E420 循环水出口阀
V4099	J451A 中压蒸汽进口阀	VD4163B	P416B 灌水阀	VD4104	E418 循环水出口阀
				VD4105	D417 补水电磁阀

四、操作说明

真空系统 DCS 总览图如图 3-17 所示，P416 真空系统现场图及 DCS 图如图 3-18、图 3-19 所示。J441/J451 真空 DCS 图和真空现场图如图 3-20 和图 3-21 所示。

相关操作提示

如何控制液位平衡。

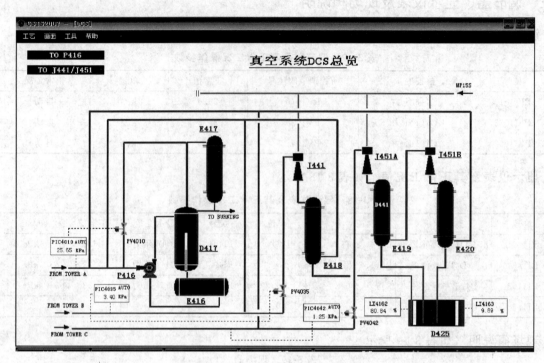

图 3-17 真空系统 DCS 总览图

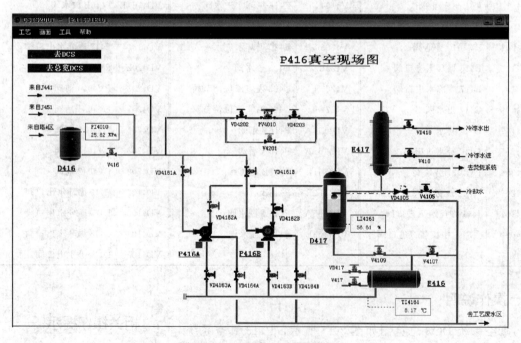

图 3-18 P416 真空系统现场图

60 >> 化工仿真实训指导

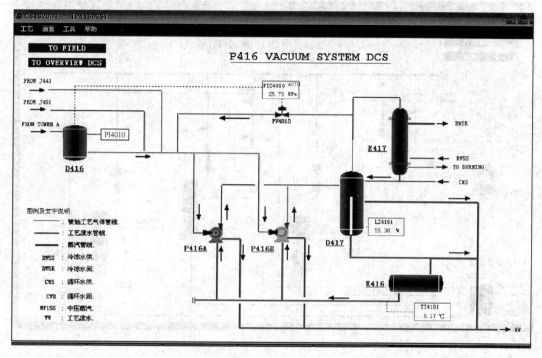

图 3-19　P416 真空系统 DCS 图

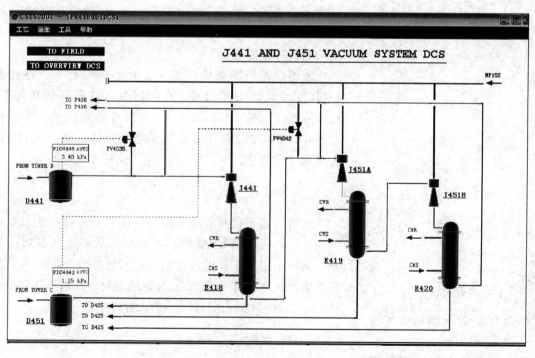

图 3-20　J441/J451 真空 DCS 图

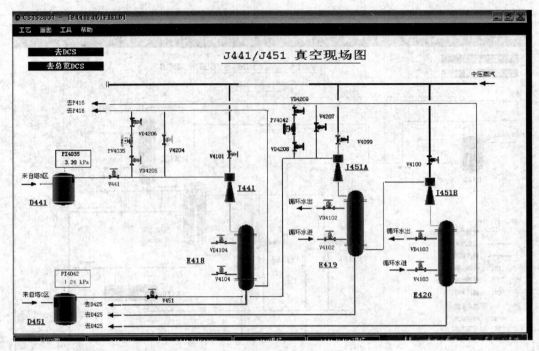

图 3-21　J441/J451 真空现场图

1. 压力回路调节

PIC4010 检测压力缓冲罐 D416 内压力，调节 P416 进口前回路控制阀 PV4010 开度，调节 P416 进口流量。PIC4035 和 PIC4042 调节压力机理同 PIC4010。

2. D417 内液位控制

采用浮阀控制系统。当液位低于 50% 时，浮球控制的阀门 VD4105 自动打开。在阀门 V4105 打开的条件下，自动为 D417 内加水，满足 P416 灌液所需水位。当液位高于 68.78% 时，液体溢流至工艺废水区，确保 D417 内始终有一定液位。

（一）正常运行

熟悉工艺流程和各工艺参数（相关工艺参数见表 3-17 和表 3-18），尝试调节各阀门，观察其对各工艺参数的影响，从中学习用正确的方法调节各工艺参数，维护各工艺参数稳定；密切注意各工艺参数的变化，发现不正常变化时，应先分析事故原因，并做及时正确的处理。

相关操作提示

1. 泵的正确启动步骤（参见实训一）；
2. 自控阀组的正确开启方法（参见实训二）。

（二）冷态开车

1. 液环真空和喷射真空泵灌水

① 在 P416 真空现场图中开泵 P416 气液分离罐 D417 补水阀 V4105 为 D417 灌水；

② 待 D417 有一定液位后，开 D417 出水阀 V4109；

③ 启动灌水水温冷却器 E416：开阀 VD417 和阀 V417（开度 50%）；

④ 开阀 VD4163A 为液环泵 P416A 灌水；

⑤ 在封液罐现场图中，开阀 V425 为 D425 灌水，使液位 LI4162 达到 10% 以上。

2. 开液环泵

① 在 P416 真空现场图中，依冻开进料阀 V416 和泵前阀 VD4161A；

② 按正确步骤启动泵 P416A 后，开泵后阀 VD4162A；

③ 启动 E417 冷凝系统；开 E417 冷冻水出口阀 UD418 和进口阀 V418（开度均为 50%）；

④ 按正确操作步骤打开调节阀 PV4010 后，将 PIC4010 投自动（设定值 26.6kPa）。

3. 开喷射泵

① 在 J441/J451 真空现场图中，全开塔 B 区和 C 区截止阀 V441、V451；

② 开 J441 冷凝器 E418 循环水出口阀 VD4104 和进口阀 V4104（开度 50%）；

③ 开 J451A 冷凝器 E419 循环水出口阀 VD4102 和进口阀 V4102（开度 50%）；

④ 开 J451B 冷凝器 E420 循环水出口阀 VD4103 和进口阀 V4103（开度 50%）；

⑤ 按正确操作步骤分别将调节器 PIC4042（设定值 1.33kPa）和 PIC4035（设定值 3.33kPa）投自动；

⑥ 分别打开 J451A、J451B、J441 的中压蒸汽进口阀 V4099、V4100、V4101，开度均为 50%，开始抽真空。

4. 检查 D425 左右室液位

在封液罐现场图中（见图 3-22），开阀 V427，防止 D425 右室液位过高。

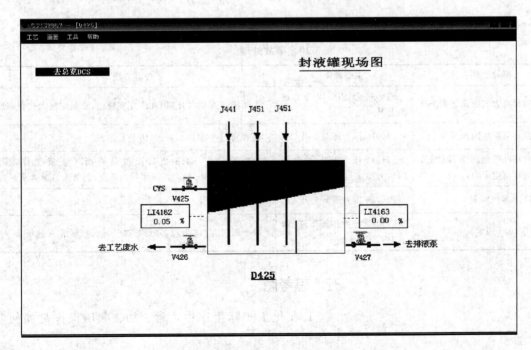

图 3-22 封液罐仿现场图

（三）正常停车

1. 停喷射泵系统

① 在封液罐现场图中开阀 V425，为封液罐灌水；

② 在 J441/J451 真空现场图中，关闭塔 B 区和 C 区截止阀 V441、V451；

③ 分别关闭 J441、J451B、J451A 中压蒸汽进口阀 V4101、V4100、V4099；

④ 按正确操作步骤关闭调节阀 PV4035 和 PV4042。

2. 停液环真空系统

① 在 P416 真空现场图中，关闭塔 A 区截止阀 V416；

② 关闭 D417 进水阀 V4105；

③ 停泵 P416A；

④ 关闭灌水阀 VD4163A；

⑤ 停冷却系统冷媒：关闭阀 VD417 和 V417、VD418 和 V418；

⑥ 按正确操作步骤关闭调节阀 PV4010。

3. 排液

① 在 P416 真空现场图中，开阀 V4107，排放 D417 内液体；

② 开阀 VD4164A，排放液环泵 P416A 内液体。

> **相关操作提示**
> 1. 调节器在非正常操作状态下设为手动；
> 2. 自控阀组的关闭步骤与开时相反。

（四）事故处理（如表 3-20 所示）

表 3-20 事故处理

事故处理名称	主要现象	处理方法
喷射泵大气腿未正常工作	PI4035 及 PI4042 压力逐渐上升	关闭阀门 V426，升高 D425 左室液位，重新恢复大气腿高度
液环泵灌水阀未开	PI4010 压力逐渐上升	开启阀门 VD4163，对 P416 进行灌液
液环抽气能力下降（温度对液环真空影响）	PI4010 压力上升，达到新的压力稳定点	检查换热器 E416 出口温度是否高于正常工作温度 8.17℃。如果是，加大循环水阀门开度，调节出口温度至正常
J441 蒸汽阀漏	PI4035 压力逐渐上升	停车更换阀门
PV4010 阀卡	PI4010 压力逐渐下降，调节 PV4010 无效	减小阀门 V416 开度，降低被抽气量。控制塔 A 区压力

五、思考题

1. 在化工实际生产中，常、加、减压操作是如何实现的？

2. 真空泵在实际生产中有什么意义？

3. 真空是指空气里什么都没有吗？

拓展思考

1. 如果容器密封不紧，能否对其进行加、减压操作？为什么？
2. 人在月球上行走时为什么要穿太空服？

实训五　电动往复式压缩机

一、工艺流程简介

本单元选用空气二级往复压缩流程作为仿真对象，其工艺流程图如图 3-23 所示。

常态空气经阀 VG05 进入缓冲罐 FA101A 后，经压缩机 GB101A 一级压缩，温度升为 145℃；经冷却器 EA101 冷却后进入分离罐 FA102 气液分离，冷凝液经阀 LV102 排出，分离后的空气（55℃、0.45MPa）从顶部排出至压缩机 GB101B 进行二级压缩，二级压缩后的空气经阀 VG04 进入稳压罐 FA101B（165℃），再经手动控制阀 VG06 作为产品送出；稳压罐 FA101B 中分离出的液体经阀 VL03 排出。

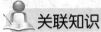
关联知识

1. 往复式压缩机的工作原理；
2. 往复式压缩机运行的常见故障及危害。

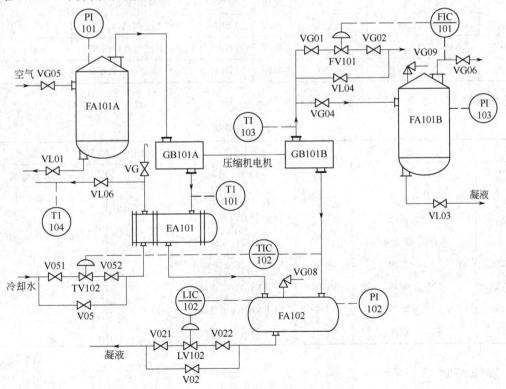

图 3-23　电动往复式压缩机单元带控制点工艺流程图

二、主要设备（如表 3-21 所示）

表 3-21 主要设备一览表

设备位号	设备名称	设备位号	设备名称
GB101A	一级压缩机	FA101B	稳压罐
GB101B	二级压缩机	FA102	分离罐
FA101A	缓冲罐	EA101	冷却器

三、调节器、显示仪表及现场阀说明

1. 调节器及其正常工况操作参数（如表 3-22 所示）

表 3-22 调节器及其正常工况操作参数

位号	被控变量	所控调节阀位号	正常值	单位	正常工况
FIC101	压缩空气产品流量	FV101	1162	kg/h	投自动
LIC102	FA102 冷凝液液位	LV102	10	%	投自动
TIC102	GB101B 空气入口温度	TV102	55	℃	投自动

2. 显示仪表及其正常工况操作参数（如表 3-23 所示）

表 3-23 显示仪表及其正常工况操作参数

位号	显示变量	正常值	单位	位号	显示变量	正常值	单位
PI101	FA101A 空气压力	−0.1	MPa	TI101	GB101A 空气出口温度	145	℃
PI102	FA102 空气压力	0.45	MPa	TI103	GB101B 空气出口温度	165	℃
PI103	FA101B 空气压力	0.80	MPa	TI104	EA101 冷却水出口温度	40	℃

3. 现场阀说明（如表 3-24 所示）

表 3-24 现场阀

位号	名称	位号	名称	位号	名称
V05	TV102 旁通阀	VG02	FV101 后阀	VL04	FV101 旁通阀
V051	TV102 前阀	VG04	GB101B 空气出口阀	VL06	EA101 冷却水出口阀
V052	TV102 后阀	VG05	FA101A 空气进口阀		
V02	LV102 旁通阀	VG06	FA101B 空气出口阀		
V021	LV102 后阀	VG08	FV102 安全阀		
V022	LV102 前阀	VG09	FV101B 安全阀		
VG	EA101 冷却水排气阀	VL01	FA101A 排凝阀		
VG01	FV101 前阀	VL03	FV101B 排凝阀		

四、操作说明

仿 DCS 图、仿现场图和仿组分分析图分别如图 3-24、图 3-25、图 3-26 所示。

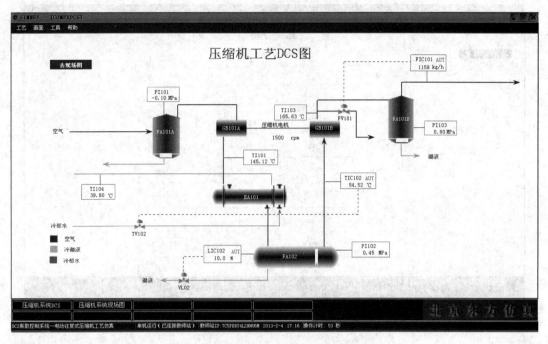

图 3-24 电动往复式压缩机单元仿 DCS 图

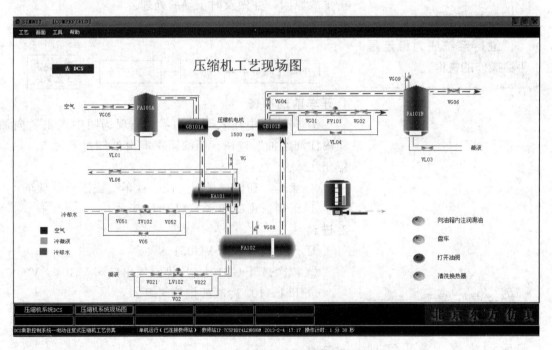

图 3-25 电动往复式压缩机单元仿现场图

(一) 正常运行

熟悉工艺流程和各工艺参数（相关工艺参数见表 3-22 和表 3-23），尝试调节各阀门，观察其对各工艺参数的影响，从中学习用正确的方法调节各工艺参数，维护各工艺参数稳定；

图 3-26　电动往复式压缩机单元仿组分分析图

密切注意各工艺参数的变化，发现不正常变化时，应先分析事故原因，并做及时正确的处理。

(二) 冷态开车

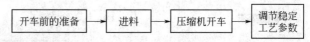

1. 开车前的准备

① 向油箱中注入润滑油：在仿现场图中点击"向油箱内注润滑油"按钮，当油箱中润滑油储量超过50%后，停止注入。

② 盘车：在仿现场图中按"盘车"按钮开始盘车。

③ 正确投用冷却器 EA101 冷却水。

2. 进料

① 开空气进口阀 VG05；

② 依次打开 GB101B 压缩空气出口阀 VG04、VG06；

③ 开 FA102 冷凝液排放阀组。

3. 压缩机开车

① 在仿现场图中按"打开油阀"按钮给压缩机注入润滑油；

② 开 GB101B 压缩空气出口副线阀组；

③ 按压缩机电机按钮启动压缩机；

④ 系统压力稳定后逐渐减小 FV101 开度。

4. 调节稳定工艺参数

① 控制 GB101B 出口流量 FIC101 稳定到 1162kg/h，

相关操作提示

维持系统压力稳定是平稳操作的关键。

相关操作提示

1. 列管式换热器的正确启动步骤（参见实训八）；

2. 自控阀组的正确开启方法（参见实训二）。

投自动；

② 控制 FA102 液位 LIC102 稳定到 10%，投自动；

③ 控制 FA102 温度 TIC102 稳定到 55℃，投自动；

④ 继续将所有操作指标控制稳定在正常状态。

（三）正常停车

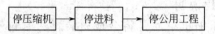

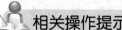

1. 停压缩机

① 关压缩机电机；

② 打开 FA101A 凝液排出阀 VL01 和 FA101B 凝液排出阀 VL03。

1. 调节器在非正常操作状态下设为手动；

2. 自控阀组的关闭步骤与开时相反。

2. 停进料

① 关 FA101A 空气进口阀 VG05；

② 关闭 FA102 凝液排放阀组；

③ 关闭 GB101B 压缩空气出口副线阀组。

3. 停公用工程

① 关闭油阀；

② EA101 冷却水停用。

（四）事故处理（如表 3-25 所示）

表 3-25 事故处理

事故处理名称	主要现象	处理方法
换热器结垢	FA102 罐中温度 TIC102 上升，且打开 EA101 冷却水进口阀组旁通阀 V05 仍无法降低	停车后，手动清洗换热器
冷却水入口阀堵	FA102 罐中温度 TIC102 上升	打开 EA101 冷却水进口阀组旁通阀 V05
FA102 液位过高	FA102 中压力 PI102 变大	开大 FA102 凝液出口阀 LV102 开度
压力过高	PI102 和 PI103 指示值同时上升	紧急停车
入口温度过高	TI101 及 TI103 指示值同时上升	紧急停车
电机断电	罐内压力下降	紧急停车

五、思考题

1. 往复式压缩机的工作原理及其适用条件是什么？请举出两种以上你所知道往复式压缩机的应用实例。

2. 往复式压缩机运行的常见故障及危害有哪些？操作中应该如何避免？

3. 本流程中缓冲罐 FA101A、分离罐 FA102、稳压罐 FA101B 的作用分别是什么？

 拓展思考

1. 如有压缩机能经过一次压缩就能达到本流程的工艺指标，请与同学讨论这种压缩机是否会更经济有效？

2. 请与同学讨论后提出一种与本流程不同的自动控制方案，并说明理由。

实训六 CO_2 压缩机

一、工艺流程简介

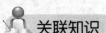

关联知识
1. 气液分离基本知识；
2. 压缩机基本知识；
3. 换热基础知识。

1. CO_2 流程说明

CO_2 压缩机单元是将合成氨装置的原料气 CO_2 经本单元压缩后送往下一工段尿素合成工段，采用的是以汽轮机驱动的四级离心压缩机。其机组主要由压缩机主机、驱动机、润滑油系统、控制油系统和防喘振装置组成。

来自合成氨装置的原料气 CO_2 压力为 0.15MPa，温度 38℃，流量由 FR8103 计量，进入 CO_2 原料分离器 V-111，在此分离掉 CO_2 气相中夹带的液滴后进入 CO_2 压缩机的一段 1ST 入口，经过一段压缩后，CO_2 压力上升为 0.38MPa，温度 194℃，进入一段冷却器 E-119 用循环水冷却到 43℃，为了保证尿素装置防腐所需氧气，在 CO_2 进入 E-119 前加入适量来自合成氨装置的空气，流量由 FRC8101 调节控制，CO_2 气中氧含量 0.25%～0.35%，在一段分离器 V-119 中分离掉液滴后进入二段 2ND 进行压缩，二段出口 CO_2 压力 1.866MPa，温度为 227℃。然后进入二段冷却器 E-120 冷却到 43℃，并经二段分离器 V-120 分离掉液滴后进入三段 3RD。

在三段入口设计有段间放空阀。便于低压缸 CO_2 压力控制和快速泄压，CO_2 经三段压缩后压力升到 8.046MPa，温度 214℃，进入三段冷却器 E-121 中冷却。为防止 CO_2 过度冷却而生成干冰，在三段冷却器冷却水回水管线上设计有温度调节器 TIC8111，用此阀来控制四段 4TH 入口 CO_2 温度在 50～55℃。冷却后的 CO_2 进入四段压缩后压力升到 15.5MPa，温度为 121℃，进入尿素高压合成系统。为防止 CO_2 压缩机高压缸超压、喘振，在四段出口管线上设计有四回一阀 HV-8162（即 HIC8162）。

2. 蒸汽流程说明

主蒸汽压力 5.882MPa，温度 450℃，流量 82t/h，进入透平做功，其中一大部分在透平中部被抽出，抽汽压力 2.598MPa，温度 350℃，流量 54.4t/h，送至框架，另一部分通过中压调节阀进入透平后气缸继续做功，做完功后的蒸汽进入蒸汽冷凝系统。

CO_2 压缩机单元工艺流程图如图 3-27 所示。

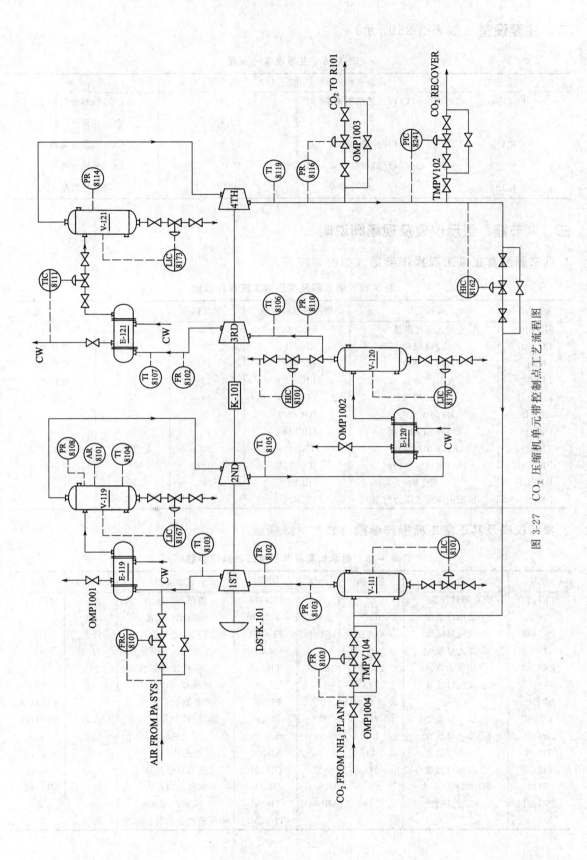

图 3-27 CO_2 压缩机单元带控制点工艺流程图

二、主要设备（如表 3-26 所示）

表 3-26 主要设备一览表

设备位号	设备名称	设备位号	设备名称
DSTK-101	CO_2 压缩机组透平	V-111	CO_2 原料分离器
		V-119	CO_2 一段分离器
E-119	CO_2 一段冷却器	V-120	CO_2 二段分离器
E-120	CO_2 二段冷却器	V-121	CO_2 三段分离器
E-121	CO_2 三段冷却器	AUX	辅助控制盘

三、调节器、显示仪表及现场阀说明

1. 调节器及其正常工况操作参数（如表 3-27 所示）

表 3-27 调节器及其正常工况操作参数

位号	被控变量	所控调节阀位号	正常值	单位	正常工况
FRC8103	配入空气流量	FRC8103	330	kg/h	
LIC8101	V111 液位	LIC8101	20	%	投自动
LIC8167	V119 液位	LIC8167	20	%	投自动
LIC8170	V120 液位	LIC8170	20	%	投自动
LIC8173	V121 液位	LIC8173	20	%	投自动
HIC8101	段间放空阀	HIC8101	0	%	
HIC8162	四回一防喘振阀	HIC8162	0	%	
TIC8111	E121 出口温度	TIC8111	52	℃	投自动
PIC8241	四段出口压力控制	PIC8241	15.4	MPa	投自动
HIC8205	调速阀	HIC8205	90	%	
PIC8224	抽出中压蒸汽压力控制	PIC8224	2.5	MPa	

2. 显示仪表及其正常工况操作参数（如表 3-28 所示）

表 3-28 显示仪表及其正常工况操作参数

位号	显示变量	正常值	单位	位号	显示变量	正常值	单位
TR8102	CO_2 原料气温度	40	℃	PR8114	四段入口压力	8.02	MPa(G)
TI8103	一段出口温度	190	℃	TI8119	四段出口温度	120	℃
PR8108	二段入口压力	0.28	MPa(G)	FR8201	蒸汽入透平流量	82	t/h
TI8104	二段入口温度	43	℃	FR8210	中压蒸汽出透平流量	54.4	t/h
FR8103	CO_2 吸入流量	27000	Nm^3/h	TI8213	中压蒸汽出透平温度	350	℃
FR8102	三段出口流量	27330	Nm^3/h	TI8338	油冷器出口温度	43	℃
AR8101	含氧量	0.25~0.35	%	PI8357	油滤器出口压力	0.25	MPa(G)
TI8105	二段出口温度	225	℃	PI8361	CO_2 控制油压力	0.95	MPa(G)
PR8110	三段入口压力	1.8	MPa(G)	SI8335	压缩机转速	6935	r/min
TI8106	三段入口温度	43	℃	XI8001	压缩机振幅	0.022	mm
TI8107	三段出口温度	214	℃	GI8001	压缩机轴位移	0.24	mm
PR8103	CO_2 原料气压力	0.15	MPa(G)	PR8116	四段出口压力	15.4	MPa(G)
PR8201	主蒸汽压力	5.882	MPa(G)	TI8201	主蒸汽温度	450	℃
				TIA8207	中压蒸汽去后气缸温度	85.7	℃

3. 现场阀说明（如表 3-29 所示）

表 3-29 现场阀

位号	名称	位号	名称	位号	名称
OMP1001	E119 循环水阀	TMPV102	CO_2 放空截止阀	OMP1007	透平主蒸汽切断阀
OMP1002	E120 循环水阀	TMPV104	CO_2 入压缩机控制阀	OMP1009	透平抽出中压蒸汽截止阀
OMP1003	CO_2 出口阀	TMPV181	油冷器冷却水阀	OMP1026	油泵出口阀
OMP1004	CO_2 进料总阀	TMPV186	油泵回路阀	OMP1031	盘车泵的进口阀
OMP1005	入界区主蒸汽阀	HS8001	透平蒸汽速关阀	OMP1032	盘车泵的出口阀
OMP1006	入界区主蒸汽副线阀	OMP1048	油泵进口阀		

4. 工艺报警及联锁触发值（如表 3-30 所示）

表 3-30 工艺报警及联锁

位号	检测点	触发值
PSXL8101	V111 压力	≤0.09MPa
PSXH8223	蒸汽透平背压	≥2.75MPa
LSXH8165	V119 液位	≥85%
LSXH8168	V120 液位	≥85%
LSXH8171	V121 液位	≥85%
LAXH8102	V111 液位	≥85%
SSXH8335	压缩机转速	≥7200r/min
PSXL8372	控制油油压	≤0.85MPa
PSXL8359	润滑油油压	≤0.2MPa
PAXH8136	CO_2 四段出口压力	≥16.5MPa
PAXL8134	CO_2 四段出口压力	≤14.5MPa
SXH8001	压缩机轴位移	≥0.3mm
SXH8002	压缩机径向振动	≥0.03mm
振动联锁		XI8001≥0.05mm 或 GI8001≥0.5mm(20s 后触发)
油压联锁		PI8361≤0.6MPa
辅油泵自启动联锁		PI8361≤0.8MPa

四、操作说明

仿 DCS 图、仿现场图分别如图 3-28～图 3-31 所示，辅助控制盘图（AUX）如图 3-32 所示。

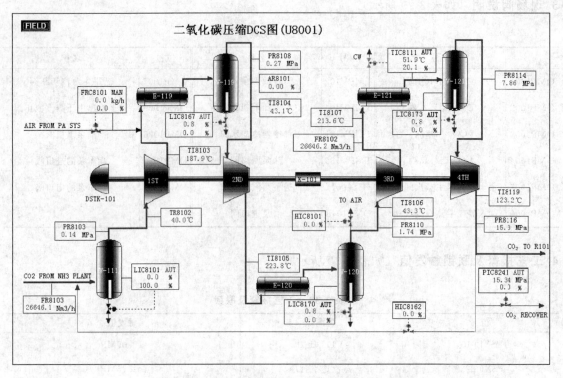

图 3-28 CO_2 压缩机单元仿 DCS 图（U8001）

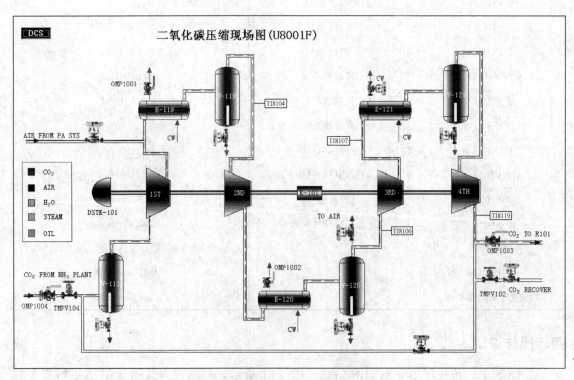

图 3-29 CO_2 压缩机单元仿现场图（U8001F）

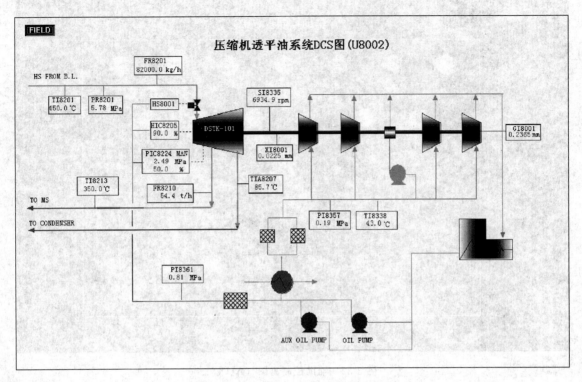

图 3-30　压缩机透平油系统 DCS 图（U8002）

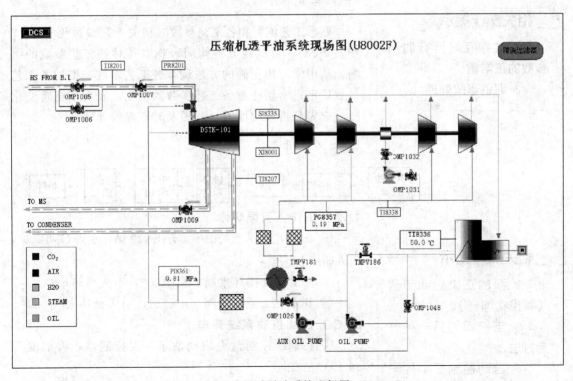

图 3-31　压缩机透平油系统现场图（U8002F）

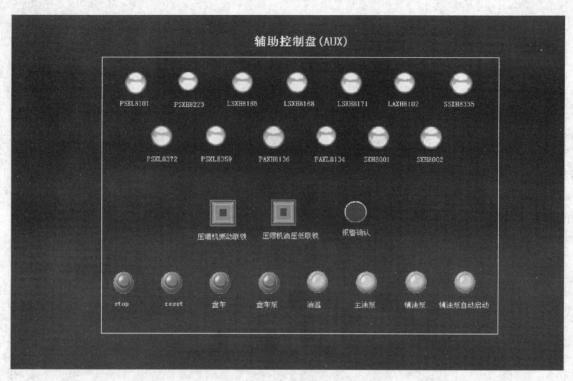

图 3-32　辅助控制盘图（AUX）

相关操作提示

1. 注意正常运行时各参数的正常值；
2. 训练事故处理。

（一）正常运行

熟悉工艺流程和各工艺参数（相关工艺参数见表 3-27 和表 3-28），尝试调节各阀门，观察其对各工艺参数的影响，从中学习用正确的方法调节各工艺参数，维护各工艺参数稳定；密切注意各工艺参数的变化，发现不正常变化时，应先分析事故原因，并做及时正确的处理。

（二）冷态开车

1. 准备工作：引循环水

① 在 CO_2 压缩现场图中，开 E-119 循环水阀 OMP1001，引入循环水；

② 开 E-120 循环水阀 OMP1002，引入循环水；

③ 开 E-121 循环水阀 TIC8111，引入循环水。

2. CO_2 压缩机油系统开车

① 在辅助控制盘上启动油箱油温控制器，将油温升到 40℃左右；

② 在压缩机透平油系统现场图中，打开油泵进口阀 OMP1048；

相关操作提示

1. 泵的正确启动步骤（参见实训一）；
2. 自控阀的另一种开启方法；
3. 自动控制器手控与自控的正确切换方法。

③ 打开油泵出口阀 OMP1026；
④ 到辅助控制盘图（AUX）上开启主油泵；
⑤ 在压缩机透平油系统现场图中，调整油泵回路阀 TMPV186，将油压控制在 0.9MPa 以上。

3. 盘车
① 在压缩机透平油系统现场图中，依次开启盘车泵的进口阀 OMP1031 和出口阀 OMP1032；
② 从辅助控制盘图（AUX）上启动盘车泵；
③ 按下盘车按钮盘车至转速 SI8335 大于 150r/min；
④ 检查压缩机有无异常响声，检查振动 XI8001、轴位移 GI8001 等。

4. 停止盘车
① 在辅助控制盘图（AUX）上关盘车按钮停盘车，再停盘车泵；
② 在压缩机透平油系统现场图中，依次关闭盘车泵的出口阀 OMP1032 和进口阀 OMP1031。

5. 联锁试验（冷态开车可省略）
① 油泵自启动试验：主油泵启动且将油压控制正常后，在辅助控制盘图（AUX）上将辅助油泵自动启动按钮按下，再按下 RESET 按钮，在压缩机透平油系统现场图中打开透平蒸汽速关阀 HS8001，再在辅助控制盘图（AUX）上按停主油泵，辅助油泵应该自行启动，联锁不应动作。

② 低油压联锁试验：主油泵启动且将油压控制正常后，确认在辅助控制盘图（AUX）上没有将辅助油泵设置为自动启动，按一下 RESET 按钮，在压缩机透平油系统现场图中，打开透平蒸汽速关阀 HS8001，关闭四回一阀 HIC8162 和段间放空阀 HIC8101，通过油泵回路阀 TMPV186 缓慢降低油压，当油压降低到一定值时，仪表盘 PSXL8372 应该报警，按确认后继续开大阀降低油压，检查联锁是否动作，动作后透平蒸汽速关阀 HS8001 应该关闭，且原已关闭的四回一阀 HIC8162 和段间放空阀 HIC8401 应该全开。

③ 停车试验：主油泵启动且将油压控制正常后，在辅助控制盘图（AUX）上按一下 RESET 按钮，在压缩机透平油系统 DCS 图中，打开透平蒸汽速关阀 HS8001，关闭四回一阀 HIC8162 和段间放空阀 HIC8101，再在辅助控制盘图（AUX）上按一下 STOP 按钮，透平蒸汽速关阀 HS8001 应该关闭，原已关闭的四回一阀 HIC8162 和段间放空阀 HIC8101 应该全开。

6. 暖管暖机
① 在辅助控制盘图（AUX）上按下辅油泵自动启动按钮，将辅油泵设置为自启动；
② 在压缩机透平油系统现场图中，打开入界区蒸汽副线阀 OMP1006，准备引蒸汽；
③ 打开蒸汽透平主蒸汽管线上的切断阀 OMP1007，压缩机暖管；
④ 在 CO_2 压缩现场图中，全开 CO_2 放空截止阀 TMPV102；
⑤ 在 CO_2 压缩 DCS 图中，全开 CO_2 放空调节阀 PIC8241；
⑥ 当透平入口管道内蒸汽压力 PR8201 上升到 5.0MPa 后，在压缩透平油系统现场图中，开入界区蒸汽阀 OMP1005，同时关闭 OMP1006；
⑦ 在 CO_2 压缩现场图中，打开 CO_2 进料总阀 OMP1004；

⑧ 在压缩机透平油系统现场图中，打开透平抽出截止阀 OMP1009；
⑨ 从辅助控制盘图（AUX）上按一下 RESET 按钮，准备冲转压缩机；
⑩ 在压缩机透平油系统 DCS 图中，打开透平速关阀 HS8001；
⑪ 逐渐打开阀 HIC8205，将转速 SI8335 提高到 1000r/min，进行低速暖机；
⑫ 控制转速 SI8335 1000r/min，暖机 15min（模拟为 2min）；
⑬ 在压缩机透平油系统现场图中，打开油冷器冷却水阀 TMPV181；
⑭ 暖机结束后，在压缩机透平油系统 DCS 图中，调节 HIC8205 将机组转速 SI8335 缓慢提到 2000r/min，检查机组运行情况；
⑮ 检查压缩机有无异常响声，检查振动 XI8001、轴位移 GI8001 等；
⑯ 控制转速 SI8335 为 2000r/min，停留 15min（模拟为 2min）。

7. 过临界转速

① 继续开大 HIC8205，将机组转速 SI8335 缓慢提到 3000r/min，准备过临界转速（3000～3500r/min）；
② 继续开大 HIC8205，用 20～30s 的时间将机组转速缓慢提到 4000r/min，通过临界转速；
③ 逐渐打开 PIC8224 到 50%；
④ 在 CO_2 压缩 DCS 图中，缓慢将段间放空阀 HIC8101 关小到 72%；
⑤ 将 V-111 液位控制 LIC8101 投自动（设定值为 20%）；
⑥ 将 V-119 液位控制 LIC8167 投自动（设定值为 20%）；
⑦ 将 V-120 液位控制 LIC8170 投自动（设定值为 20%）；
⑧ 将 V-121 液位控制 LIC8173 投自动（设定值为 20%）；
⑨ 将 E-121 出口温度调节器 TIC8111 投自动（设定值为 52℃）。

8. 升速升压

① 在压缩机透平油系统 DCS 图中，继续开大 HIC8205，将机组转速 SI8335 缓慢提到 5500r/min；
② 在 CO_2 压缩 DCS 图中，缓慢将段间放空阀 HIC8101 关小到 50%；
③ 继续开大 HIC8205，将机组转速 SI8335 缓慢提到 6050r/min；
④ 缓慢将段间放空阀 HIC8101 关小到 25%；
⑤ 缓慢将四回一阀 HIC8162 关小到 75%；
⑥ 继续开大 HIC8205，将机组转速 SI8335 速缓慢提到 6400r/min；
⑦ 缓慢将段间放空阀 HIC8101 关闭；
⑧ 缓慢将四回一阀 HIC8162 关闭；
⑨ 继续开大 HIC8205，将机组转速 SI8335 缓慢提到 6935r/min；
⑩ 调整 HIC8205，将机组转速 SI8335 稳定在 6935r/min。

9. 投料

① 在 CO_2 压缩 DCS 图中，逐渐关小 PIC8241，缓慢将压缩机四段出口压力 PR8116 提升到 14.4MPa，平衡合成系统压力；
② 在 CO_2 压缩现场图中，打开 CO_2 出口阀 OMP1003；
③ 继续手动关小 PIC8241，缓慢将压缩机四段出口压力提升到 15.4MPa，将 CO_2 引入

合成系统；

④ 当 PIC8241 稳定在 15.4MPa 左右后投自动（设定值为 15.4MPa）。

(三) 正常停车

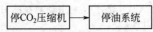

> **相关操作提示**
> 逐渐调小压缩机转速和降低压力后才能停机。

1. CO_2 压缩机停车

① 在压缩机透平油系统 DCS 图中，调节 HIC8205 将转速 SI8335 降至 6500r/min；

② 在 CO_2 压缩 DCS 图中，调节 HIC8162，将负荷减至 21000Nm³/h；

③ 继续调节 HIC8162，调整抽汽与注汽量，直至 HIC8162 全开；

④ 手动缓慢打开 PIC8241，将四段出口压力降到 14.5MPa 以下，CO_2 退出合成系统；

⑤ 关闭 CO_2 入合成总阀 OMP1003；

⑥ 继续开大 PIC8241 缓慢降低四段出口压力到 8.0～10.0MPa；

⑦ 调节 HIC8205 将转速降至 6403r/min；

⑧ 继续调节 HIC8205 将转速降至 6052r/min；

⑨ 调节 HIC8101，将四段出口压力降至 4.0MPa；

⑩ 继续调节 HIC8205 将转速降至 3000r/min；

⑪ 继续调节 HIC8205 将转速降至 2000r/min；

⑫ 在辅助控制盘图（AUX）上按 STOP 按钮，停压缩机；

⑬ 在 CO_2 压缩现场图中，关闭 CO_2 入压缩机控制阀 TMPV104；

⑭ 关闭 CO_2 入压缩机总阀 OMP1004；

⑮ 在压缩机透平油系统现场图中关闭蒸汽抽出至 MS 总阀 OMP1009；

⑯ 关闭蒸汽至压缩机工段主蒸汽阀 OMP1005；

⑰ 关闭透平主蒸汽切断阀 OMP1007。

2. 油系统停车

① 从辅助控制盘图（AUX）上取消辅油泵自启动；

② 再停运主油泵；

③ 在压缩机透平油系统现场图中，关闭油泵进口阀 OMP1048；

④ 关闭油泵出口阀 OMP1026；

⑤ 关闭油冷器冷却水阀 TMPV181；

⑥ 从辅助控制盘图（AUX）上停油温控制。

(四)事故处理(如表3-31所示)

表3-31 事故处理

事故处理名称	主要现象	处理方法
压缩机振动大	出口压力不稳定	① 入口气量过小:打开防喘振阀 HIC8162,开大入口控制阀开度; ② 出口压力过高:打开防喘振阀 HIC8162,开大四段出口排放调节阀开度; ③ 操作不当,开关阀门动作过大:打开防喘振阀 HIC8162,消除喘振后再精心操作
压缩机辅助油泵自动启动	油压无变化	① 关小油泵回路阀; ② 按过滤器清洗步骤清洗油过滤器; ③ 从辅助控制盘停辅助油泵
四段出口压力偏低,CO_2打气量偏少	① 压缩机转速偏低; ② 防喘振阀未关死; ③ 压力控制阀 PIC8241 未投自动,或未关死	① 将转速调到 6935r/min; ② 关闭防喘振阀; ③ 关闭压力控制阀 PIC8241
压缩机因喘振发生联锁跳车	各参数无法调节	① 关闭 CO_2 去尿素合成总阀 OMP1003; ② 在辅助控制盘上按一下 RESET 按钮; ③ 按冷态开车步骤中暖管暖机冲转开始重新开车
压缩机三段冷却器出口温度过低	阀 TIC8111 的温度小于 52℃	① 关小冷却水控制阀 TIC8111,将温度控制在 52℃左右; ② 控制稳定后将 TIC8111 设定在 52℃投自动

五、思考题

1. 本单元压缩机组由几部分组成?
2. 为什么要进行盘车操作?
3. 二氧化碳的初始压力是多少?最终的压力又是多少?压力增加了多少?
4. 说说分离器和冷却器的作用。

 拓展思考

1. 自来水公司是怎样把水输送到你家的?
2. 举例说说把气体进行压缩的意义。

实训七 压缩机

一、工艺流程简介

本单元选用甲烷单级透平压缩的典型流程作为仿真对象。其工艺流程如下。

低压甲烷（压力 0.2~0.6atm、温度 30℃ 左右），经手动阀 VD11、VD01，进入气液分离罐 FA311，罐内压力控制在 300mmH$_2$O（表）。从气液分离罐 FA311 出来的甲烷，进入压缩机 GB301，压缩成中压甲烷（3.03atm、160℃）排出，然后经过手阀 VD06 出系统，再进入下一工序——燃料系统。

为防止压缩机发生喘振，本流程设计有从压缩机出口至气液分离罐 FA311 的返回管路，即由压缩机出口经过换热器 EA305 冷却降温，再由调节阀 PV304B 控制流量回气液分离罐的管线。另外，气液分离罐 FA311 有一超压保护调节器 PIC303，当 FA311 压力超高时，低压甲烷可以经调节器 PIC303 打开调节阀 PV303 放火炬，使罐中压力降低。压缩机 GB301 由蒸汽透平机 GT301 同轴驱动的，而蒸汽透平机 GT301 是用蒸汽管网来的中压蒸汽（14atm、290℃）驱动，该中压蒸汽经膨胀做功后成为低压蒸汽（2atm、200℃）送入低压蒸汽管网。

关联知识

1. 气体压送机械和压缩机的基本知识；
2. 透平机的基本知识；
3. 分程控制基础知识。

图 3-33 调节器 PRC304 分程动作示意图

PRC304 为一压力分程调节器，分别对调节阀 PV304A 和 PV304B 进行调节控制，其分程控制动作如图 3-33 所示。当此调节器输出在 50%~100% 范围内时，输出信号送给蒸汽透平机 GT301 的调速系统，即 PV304A，用来控制中压蒸汽的进汽量，使压缩机的转速在 3350~4704r/min 之间变化，此时 PV304B 阀全关。当此调节器输出在 0%~50% 范围内时，PV304B 阀的开度对应在 100% 至 0% 范围内变化。透平机在起始升速阶段由 HC311 手动控制升速，当转速 XN301 大于 3450r/min 时，可切换到由调节器 PRC304 控制。其工艺流程图如图 3-34 所示。

二、主要设备（如表 3-32 所示）

表 3-32 主要设备一览表

设备位号	设备名称	设备位号	设备名称
EA305	回流甲烷冷却器	GB301	单级压缩机
FA311	气液分离罐	GT301	蒸汽透平

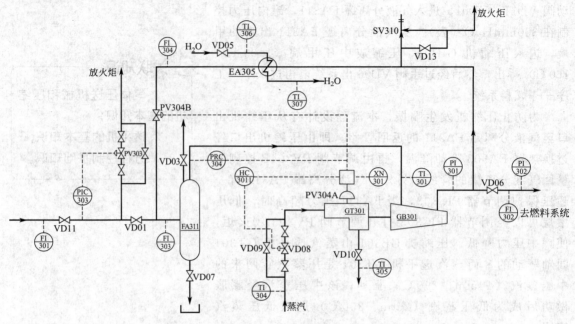

图 3-34 压缩机单元带控制点工艺流程图

三、调节器、显示仪表及现场阀说明

1. 调节器及其正常工况操作参数（如表 3-33 所示）

表 3-33　调节器及其正常工况操作参数

位号	被控变量	所控调节阀位号	正常值	单位	正常工况
PIC303	低压甲烷压力	PV303	0.4	amt	投自动
PRC304	压缩机 GB301 转数 回流甲烷流量	PV304A PV304B	295.0 0.0	mmH_2O	投自动,分程控制

2. 显示仪表及其正常工况值（如表 3-34 所示）

表 3-34　显示仪表及其正常工况操作参数

位号	显示变量	正常值	单位	位号	显示变量	正常值	单位
FI301	低压甲烷进料流量	3233.4	kg/h	TI302	中压甲烷出压缩机温度	160.0	℃
FI302	送燃料系统甲烷流量	3201.6	kg/h	TI304	GT301 透平蒸汽入口温度	290.0	℃
FI303	低压甲烷入罐流量	3201.6	kg/h	TI305	GT301 透平蒸汽出口温度	200.0	℃
FI304	中压甲烷回流流量	0.0	kg/h	TI306	EA305 冷却水入口温度	30.0	℃
PI301	压缩机出口压力	3.03	atm	TI307	EA305 冷却水出口温度	30.0	℃
PI302	燃料系统入口压力	2.03	atm	XN301	压缩机转速	4480	r/min
TI301	低压甲烷入压缩机温度	30.0	℃				

3. 现场阀说明（如表 3-35 所示）

表 3-35 现场阀

位号	名称	位号	名称	位号	名称
HC3011	GT301 手动调速器	VD05	EA305 进水阀	VD10	GT301 低压蒸汽出口阀
SV310	安全阀	VD06	中压甲烷出系统阀	VD11	低压甲烷原料进口阀
VD01	罐 FA311 入口阀	VD07	罐 FA311 排凝阀	VD13	安全阀旁通阀
VD03	罐 FA311 放空阀	VD09	GT301 中压蒸汽入口旁通阀	XN301	调速器切换开关

四、操作说明

仿 DCS 图、仿现场图和公用工程图分别如图 3-35～图 3-37 所示。

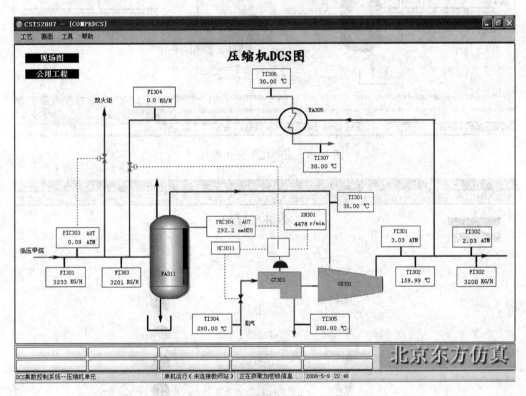

图 3-35　压缩机单元仿 DCS 图

（一）正常运行

熟悉工艺流程和各工艺参数（相关工艺参数见表 3-33 和表 3-34），尝试调节各阀门，观察其对各工艺参数的影响，从中学习用正确的方法调节各工艺参数，维护各工艺参数稳定；密切注意各工艺参数的变化，发现不正常变化时，应先分析事故原因，并做及时正确的处理。

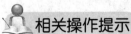

相关操作提示

及时、小幅的调整是平稳操作的关键。

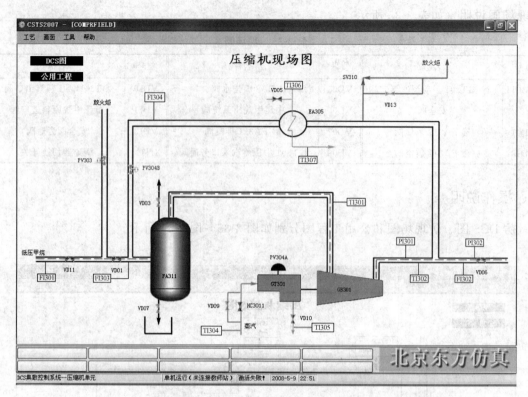

图 3-36　压缩机单元仿现场图

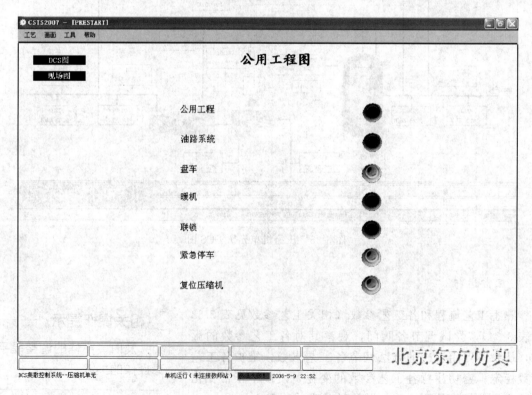

图 3-37　压缩机单元公用工程图

（二）冷态开车

1. 开车前的准备

① 确认本装置所有调节器置于为手动，调节阀和现场阀处于关闭状态，且联锁已摘除并已复位（软件中已省略，但实际工作中应完成相关准备）；

② 在公用工程画面中单击"公用工程（UTILITY）"按钮，启动公用工程；

③ 在公用工程画面中单击"油路系统（OIL CIRCULATING SYSTEM）"按钮，启动油路系统。

> **相关操作提示**
> 1. 自控阀组的正确开启方法（参见实训二）；
> 2. 自动控制器手控与自控的正确切换方法。

2. 盘车

① 确认调节阀 PV304B 已打开后，到公用工程画面中单击"盘车（BARRING）"按钮，开始盘车；

② 当透平机 GT301 转速 XN301 提升到 200r/min 时，再单击"盘车（BARRING）"按钮，停盘车。

3. 暖机、进甲烷

① 在公用工程画面中单击"暖机（WARM UP TURBINE）"按钮，开始暖机；

② 到现场图中打开手阀 VD05，将冷却器 EA305 投用；

③ 向气液分离罐 FA311 充低压甲烷。

- 按正确操作步骤打开调节阀 PV303 放火炬，开度为 50%；
- 打开低压甲烷入口阀 VD11，开度为 50%；
- 逐渐打开气液分离罐 FA311 入口阀 VD01，向 FA311 充甲烷；
- 按正确操作步骤逐渐打开 PV304B 阀，缓慢向系统充压，并配合调整 FA311 顶部安全阀 VD03 和入口阀 VD01 开度，使系统压力 PRC304 维持在 300~500mmH$_2$O；
- 调整调节阀 PV303 开度，使低压甲烷入口压力 PIC303 维持在 0.1atm。

4. 试升速、跳闸实验

（1）试升速

① 确认蒸汽透平机 GT301 的调速器切换开关 XN301 已切换至手动调速器 HC3011 方向；

② 缓慢打开蒸汽透平机 GT301 低压蒸汽出口阀 VD10，开度递增级差保持在 10% 以内；

③ 逐渐开大蒸汽透平机 GT301 手动调速器 HC3011

的输出值（开度递增级差小于10%），给压缩机GB301升速；

④ 当透平机GT301的转速XN301达到250~300r/min后，维持一段时间，如无异常现象，继续以递增级差小于10%加大HC3011的开度，使透平机GT301转速逐渐升至1000r/min。

(2) 跳闸实验

① 当升速至1000r/min无异常现象后，到公用工程图中单击"紧急停车（EMERGENCY SHUT DOWN）"按钮，进行跳闸实验；

② 等压缩机转速XN311迅速下降为零后，依次关闭GT301低压蒸汽出口阀VD10、HC3011；

③ 到公用工程图中单击"复位压缩机（RESET COMPRESSOR）"按钮。

5. 手动升速

① 重复试升速步骤缓慢升速至1000r/min；

② 稳定一段时间后，继续按递增级差小于10%逐渐开大HC3011，使透平机转速XN301升至3350r/min；

③ 稳定并进行机械检查，确认无异常现象（软件中已省略，但实际工作中应完成相关工作）。

6. 启动自控调速系统

① 将调速器切换开关XN301切到PRC304方向；

② 按正确操作步骤缓慢打开调节阀PV304A，同时，缓慢关闭调节阀PV304B（即调节器PRC304输出值大于50.0%）。此外，可适当缓慢打开压缩机GB301出口安全阀SV310旁路阀VD13，控制压缩机GB301的甲烷出口压力PI301维持在3~5atm，防止喘振的发生。

注意：若调节阀PV304A或PV304B开度的调整幅度太快，易发生喘振。

7. 调节稳定工艺参数

① 当PI301指示压力值为3.03atm时，逐渐关小安全阀SV310的旁通阀VD13，同时，逐渐打开中压甲烷送燃料系统阀VD06，并相应地按正确操作步骤逐渐关闭低压甲烷放火炬调节阀PV303；

② 继续通过调节器PRC304逐渐开大调节阀PV304A，控制压缩机GB301的入口压力PIC304为300mmH$_2$O，并使压缩机GB301慢慢升速；

③ 当压缩机GB301转速XN301达到全速（4480r/min）时，将调节器PRC304投自动，设定值为295mmH$_2$O；并将调节器PIC303投自动，设定值为0.1atm；

④ 缓慢关闭气液分离罐FA311顶部安全阀VD03，当系统稳定后，在公用工程图中单击"联锁（INTERLOCK）"按钮，将联锁投用；

⑤ 继续将所有操作指标控制在正常状态。

（三）正常停车

1. 停调速系统

① 确认已摘除联锁，并复位；

② 按正确操作步骤，以递减级差小于 10% 的速度，缓慢打开调节阀 PV304B、关闭调节阀 PV304A，使压缩机 GB301 转速 XN301 降低至 3350r/min；

③ 按正确操作步骤逐渐打开放火炬调节阀 PV303；

④ 开压缩机顶部安全阀 SV310 的旁通阀 VD13，同时关闭中压甲烷送燃料系统阀 VD06。

 相关操作提示

1. 调节器在非正常操作状态下设为手动；
2. 自控阀组的关闭步骤与开时相反。

2. 手动降速

① 全开蒸汽透平机 GT301 手动调速器 HC3011，再将调速切换开关 XN301 切换到 HC3011 方向；

② 以递减级差小于 10% 的速度逐渐关闭 HC3011，使压缩机 GB301 的转速 XN301 降低至 300～500r/min；

③ 到公用工程图中单击"紧急停车（EMERGENCY SHUT DOWN）"按钮，使压缩机 GB301 的转速 XN301 降低至 0；

④ 关闭蒸汽透平机 GT301 低压蒸汽出口阀 VD10。

3. 停低压甲烷进料

① 关闭气液分离罐 FA311 入口阀 VD01；

② 按正确操作步骤关闭放火炬调节阀 PV303；

③ 关闭低压甲烷原料进口阀 VD11；

④ 关闭冷却器 EA305 进水阀 VD05，停用冷却器 EA305。

（四）事故处理（如表 3-36 所示）

表 3-36　事故处理

事故处理名称	主要现象	处理方法
低压甲烷入口压力过高	① 低压甲烷入口压力 PIC303 和气液分离罐压力 PRC304 升高； ② 低压甲烷入口流量 FI301 和气液分离罐入口流量 FI303 升高	按正确操作步骤手动打开放火炬调节阀 PV303
压缩机 GB301 中压甲烷出口压力过高	压缩机 GB301 中压甲烷出口压力 PI301 升高	开大中压甲烷送燃料系统阀 VD06
低压甲烷入口管破裂	① 低压甲烷入口压力 PIC303 和气液分离罐压力 PRC304 持续降低； ② 低压甲烷入口流量 FI301 和气液分离罐入口流量 FI303 持续降低	通知调度室，并按紧急停车步骤操作： 到公用工程图中单击"紧急停车（EMERGENCY SHUT DOWN）"按钮，使压缩机 GB301 转速 XN301 降为 0； 关闭蒸汽透平机 GT301 低压蒸汽出口阀 VD10； 关闭气液分离罐 FA311 入口阀 VD01； 按正确操作步骤关闭放火炬调节阀 PV303； 关闭低压甲烷原料进口阀 VD11； 关闭冷却器 EA305 进水阀 VD05
压缩机 GB301 中压甲烷出口管破裂	压缩机 GB301 中压甲烷出口压力 PI301 持续降低	通知调度室，并按紧急停车步骤操作
低压甲烷入口温度 TI301 过高	压缩机 GB301 低压甲烷入口温度 TI301 和中压甲烷出口温度 TI302 持续升高	通知调度室，并按紧急停车步骤操作

五、思考题

1. 什么是气体压送机械？它与液体输送设备有什么不同？
2. 你能分别说出按气体压送机械出口气体压力（或压缩比）和作用原理的气体压送机械的分类吗？
3. 离心式压缩机的特点是什么？它的驱动机有哪些？
4. 请说明蒸汽透平式压缩机的工作原理。
5. 什么是喘振？如何防止喘振？
6. 为何开机前要盘车？
7. 跳闸实验有何意义？
8. 开机时为何升速要缓慢？

 拓展思考

1. 你能说明跳闸实验与紧急停车的区别吗？
2. 请对比蒸汽式透平机和燃气式透平机的相关资料，与同学讨论一下燃气式透平压缩机的开、停车步骤。

 关联知识

1. 热的三种基本传递方式；
2. 基本调节系统；
3. 常用的复杂调节系统。

实训八　换热器

一、工艺流程简介

来自系统外的冷物料（92℃，沸点 198.25℃）经阀 VB01 进入本单元，由泵 P101A/B，经调节器 FIC101 控制流量送入换热器 E101 壳程，加热到 145℃（有 20% 被汽化）后，经阀 VD04 出系统。热物料（225℃）由阀 VB11 进入本单元，经泵 P102A/B，由温度调节器 TIC101 分程控制主线调节阀 TV101A 和副线调节阀 TV101B（两调节阀的分程动作如图 3-38 所示）使冷物料出口的温度稳定；过主线调节阀 TV101A 的热物料经换热器 E101 管程后，与副线阀 TV101B 来的热物料混合（混合温度为 177℃）由阀 VD07 出本单元（其工艺流程图如图 3-39 所示）。

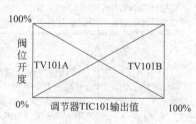

图 3-38　调节阀 TIC101 分程动作示意图

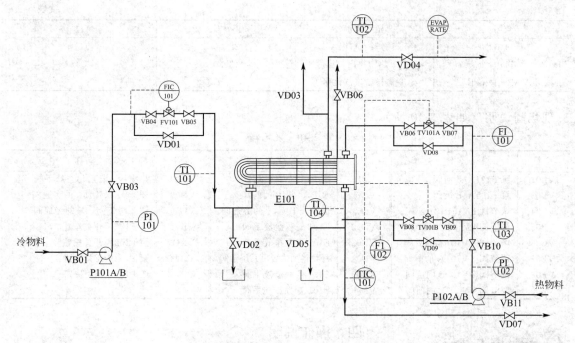

图 3-39　换热器单元带控制点工艺流程图

二、主要设备（如表 3-37 所示）

表 3-37　主要设备一览表

设备位号	设备名称
P101A/B	冷物料进料泵
P102A/B	热物料进料泵
E101	列管式换热器

三、调节器、显示仪表及现场阀说明

1. 调节器及其正常工况操作参数（如表 3-38 所示）

表 3-38　调节器及其正常工况操作参数

位号	被控变量	所控调节阀位号	正常值	单位	正常工况
FIC101	冷物料进料流量	FV101	12000	kg/h	投自动
TIC101	热物料进料流量	TV101A TV101B	177	℃	投自动分程控制

2. 显示仪表及其正常工况值（如表 3-39 所示）

表 3-39　显示仪表及其正常工况操作参数

位号	显示变量	正常值	单位
PI101	泵 P101A/B 出口压力	9.0	atm
PI102	泵 P102A/B 出口压力	10.0	atm
FI101	热物料主线流量	10000	kg/h
FI102	热物料副线流量	10000	kg/h
TI101	冷物料入口温度	92.0	℃
TI102	冷物料出口温度	145.0	℃

续表

位号	显示变量	正常值	单位
TI103	热物料入口温度	225.0	℃
TI104	E101 热物料出口温度	129.0	℃
EVAP·RATE	冷物料出口汽化率	20	%

3. 现场阀说明（如表 3-40 所示）

表 3-40　现场阀

位号	名称	位号	名称	位号	名称
VB01	泵 P101A/B 前阀	VB10	泵 P102A/B 的后阀	VD07	热物料冷却后出系统手阀
VB03	泵 P101A/B 后阀	VB11	泵 P102A/B 的前阀	VD08	调节阀 TV101A 的旁通阀
VB04	调节阀 FV101 的前阀	VD01	调节阀 FV101 的旁通阀	VD09	调节阀 TV101B 的旁通阀
VB05	调节阀 FV101 的后阀	VD02	E101 壳程泄液手阀	VB02	泵 P101A 开关按钮
VB06	调节阀 TV101A 的后阀	VD03	E101 壳程排气手阀	VB12	泵 P102A 开关按钮
VB07	调节阀 TV101A 的前阀	VD04	冷物料加热后出系统手阀	VB13	泵 P102B 开关按钮
VB08	调节阀 TV101B 的后阀	VD05	E101 管程泄液手阀	VB18	泵 P101B 开关按钮
VB09	调节阀 TV101B 的前阀	VD06	E101 管程排气手阀		

相关操作提示

冷物料的出口温度是工艺控制的关键指标。

四、操作说明

仿 DCS 图如图 3-40 所示，仿现场图如图 3-41 所示。

（一）正常运行

熟悉工艺流程和各工艺参数（相关工艺参数见表 3-38 和表 3-39），尝试调节各阀门，观察其对各工艺参数的

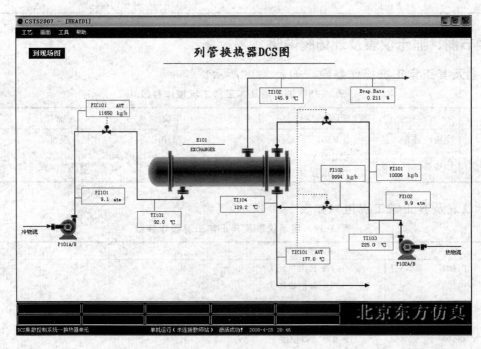

图 3-40　换热器单元仿 DCS 图

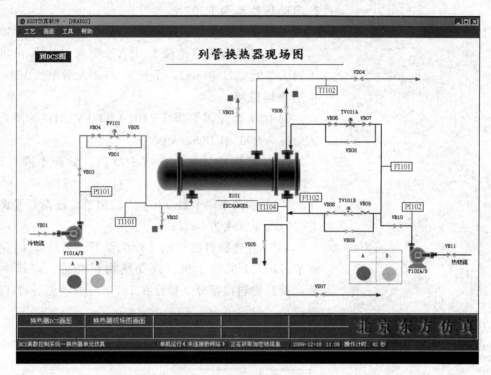

图3-41 换热器单元仿现场图

影响,从中学习用正确的方法调节各工艺参数,维护各工艺参数稳定;密切注意各工艺参数的变化,发现不正常变化时,应先分析事故原因,并做及时正确的处理。

(二)冷态开车

1. 启动冷物料进料泵 P101A

① 确定所有手动阀已关闭,将所有调节阀置于手动关闭状态;

② 开换热器 E101 壳程排气阀 VD03(开度约 50%);

③ 按正常操作启动泵 P101A(当泵 P101A 出口表压达到 9.0atm 时,全开 P101A 后手阀 VB03)。

2. 冷物料进料

① 顺序全开调节阀 FV101 前后手阀 VB04 和 VB05;再逐渐手动打开调节阀 FV101;

② 待壳程排气标志由红变绿时,说明壳程不凝气体排净,关闭手阀 VD03;

③ 开冷物料出口阀 VD04(开度为 50%);同时,手动调节 FV101,使 FIC101 指示值稳定到 12000kg/h 后,将 FIC101 投自动(设定值为 12000kg/h)。

相关操作提示

1. 离心泵的正确启动步骤(参见实训一);
2. 换热器不凝气的排放步骤;
3. 冷热物料的正确进料步骤;
4. 自动控制器手控与自控的正确切换方法;
5. 串级控制的正确投用步骤。

3. 启动热物料泵 P102A

① 开换热器 E101 管程排气阀 VD06（开度约 50%）；

② 按正常操作启动泵 P102A（待泵 P102A 出口表压达到正常值 10.0atm 后，全开泵 P102A 后手阀 VB10）。

4. 热物料进料

① 依次全开调节阀 TV101A 和 TV101B 的前后手阀 VB07、VB06、VB09、VB08；

② 待管程排气标志由红变绿后，管程不凝气排净，关闭 VD06；

③ 手动调小调节器 TIC101 输出值，逐渐打开调节阀 TV101A 至开度为 50%；

④ 打开热物料出口阀 VD07 至开度 50%，同时手动调节 TIC101 的输出值，改变热物料在主、副线中的流量，使热物料温度分别稳定在 177℃ 左右，然后将 TIC101 投自动（设定值为 177℃）。

（三）正常停车

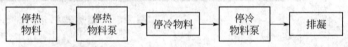

1. 停热物料泵 P102A

按正常操作停泵 P102A（当泵 P102A 出口压力 PI102 小于 0.1atm 时，关闭泵 P102A 前阀 VB11）。

2. 停热物料进料

① TIC101 置手动，并关闭 TV101A；

② 依次关闭 TV101A、TV101B 的后手阀和前手阀 VB06、VB07、VB08、VB09；

③ 关闭 E101 热物料出口阀 VD07。

3. 停冷物料泵 P101A

按正常操作停泵 P101A（当泵 P101A 出口压力 PI101 指示小于 0.1atm 时，关闭泵 P101A 前阀 VB01）。

4. 停冷物料进料

① 将调节器 FIC101 投手动；

② 依次关闭调节阀 FV101 后手阀和前手阀 VB05、VB04；

③ 关闭 E101 冷物料出口阀 VD04。

5. 换热器 E101 管程排凝

依次全开管程排气阀 VD06 和泄液阀 VD05，放净管程中的液体（管程泄液标志由绿变红）后，关闭 VD06 和 VD05。

相关操作提示

1. 冷热物料的正确停料顺序；

2. 离心泵的正确停泵步骤（参见实训一）；

3. 换热器的正确排凝步骤。

6. 换热器 E101 壳程排凝

依次全开壳程排气阀 VD03 和泄液阀 VD02，放净壳程中的液体（壳程泄液标志由绿变红）后，关闭 VD03 和 VD02。

（四）事故处理（如表 3-41 所示）

表 3-41　事故处理

事故处理名称	主要现象	处理方法
FV101 阀卡	FIC101 流量无法控制	打开调节阀 FV101 旁通阀 VD01，并关闭其后手阀和前手阀 VB05、VB04；调节 VD01 开度，使 FIC101 指示值稳定为 12000kg/h
泵 P101A 坏	泵 P101 出口压力骤降 FIC101 流量指示值急减 E101 冷物料出口温度升高 汽化率 EVAPO.RATE 增大	切换为泵 P101B（启动泵 P101B，关闭泵 P101A）
泵 P102A 坏	泵 P102 出口压力骤降 冷物料出口温度下降 汽化率 EVAPO.RATE 降低	切换为泵 P102B（启动泵 P102B，关闭泵 P102A）
TV101A 阀卡	FI101 流量无法调节	打开 TV101A 的旁通阀 VD08，关闭 TV101A 后手阀和前手阀 VB06、VB07，调节 VD08 开度，使冷热物料出口温度和热物料流量稳定到正常值
换热器 E101 部分管堵	热物料量减小 泵 P102 出口压力略升 冷物料出口温度降低 汽化率下降	按正常停车操作停车后拆洗换热器（注意因设计常有一定裕度，在情况不很严重时，可以手控加大主线流量作临时处理）
换热器 E101 壳程结垢严重	热物料出口温度升高 冷物料出口温度降低	停车拆洗换热器

五、思考题

1. 冷态开车是先送冷物料，后送热物料；而停车时又要先关热物料，后关冷物料，为什么？
2. 开车时不排出不凝气会有什么后果？如何操作才能排净不凝气？
3. 为什么停车后管程和壳程都要泄液？这两部分的泄液有顺序吗？为什么？
4. 你认为本系统调节器 TIC101 的设置合理吗？如何改进？
5. 传热有哪几种基本方式？各自的特点是什么？
6. 影响间壁式换热器传热量的因素有哪些？
7. 工业生产中常见的换热器有哪些类型？

 拓展思考

1. 引发紧急停车原因有多种，操作步骤一样吗？
2. 如果换热介质是气-液或气-气，各类操作会有哪些不同？

关联知识

1. 工业炉的作用、分类和三个主要操作过程；
2. 油-气混合燃烧管式加热炉的四个主要结构；
3. 油-气混合燃烧管式加热炉的两套主要控制方案；
4. 联锁控制作用。

实训九 管式加热炉

一、工艺流程简介

本流程是将某可燃性工艺物料经炉膛通过燃料气和燃料油混合燃烧加热至要求温度后送去其他设备（其工艺流程图如图3-42所示）。

工艺物料经调节器FIC101控制流量（3072.5kg/h）进入加热炉F-101，先进入炉内对流段加热升温后，再进入辐射段，被加热至420℃出加热炉，出口温度由调节器TIC106通过调节燃料气流量或燃料油压力来控制。

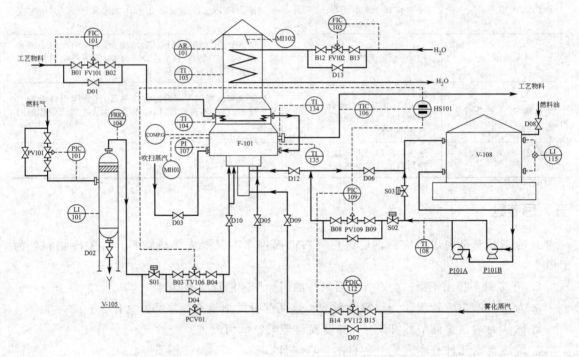

图3-42 管式加热炉单元带控制点工艺流程图

采暖水在调节器FIC102控制下（流量为95848.0kg/h），与加热的烟气换热至210℃，回收余热后，回采暖水系统。

燃料气由燃料气管网来，经压力调节器PIC101进入燃料气分液罐V-105，控制该设备压力为2.0atm（表）。分离液体后的燃料气其中一路经长明线点火燃烧，另一路在长明线点火成功后，通过调节阀TV106控制流量，进入加热炉进行燃烧。

当炉膛温度达到200℃后，通过雾化蒸汽压差调节器PDIC112控制雾化蒸汽流量，将燃料油调节器PIC109送来的燃料油雾化后送入炉膛火嘴燃烧。雾化蒸汽由管网来，燃料油来自燃料油储罐V-108，经燃料油泵P101A/B升压后送入燃烧器燃烧，多余燃料油返回V-108。

为了保证加热炉内燃料油和燃料气的正常燃烧，应注意调节烟道挡板MI102和风门MI101的适当开度，维持正常的炉膛负压PI107和烟道内氧气含量AR101。

炉出口工艺物料温度TIC106可通过切换开关HS101，实现两种控制方案：其一是直接通过控制燃料气体流量调节（即燃料油的流量固定不做调节，通过TIC106自动调节燃料气流量，来实现控制工艺物料出炉温度），其二是与燃料油压力调节器PIC109构成串级控制回路来调节（即燃料气流量固定，TIC106和燃料压力调节器PIC109构成串级控制回路，达到控制工艺物料的出炉温度）。

此外，本流程中为保证安全正常地运行，设有三个联锁阀：电磁阀S01、S02和S03。其联锁源为：

① 工艺物料进料量过低（FIC101小于正常值的50%）；
② 雾化蒸汽压力过低（<7.0atm）。

联锁动作为：
① 关闭燃料气入炉电磁阀S01；
② 关闭燃料油入炉电磁阀S02；
③ 打开燃料油返回电磁阀S03。

在开/停车时，要先摘除联锁，才能进行操作。

二、主要设备（如表3-42所示）

表3-42 主要设备一览表

设备位号	设备名称	设备位号	设备名称
V-105	燃料气分液罐	P101A	燃料油工作泵
V-108	燃料油储罐	P101B	燃料油备用泵
F-101	管式加热炉		

三、调节器、显示仪表及现场阀说明

1. 调节器及其正常工况操作参数（如表3-43所示）

表3-43 调节器及其正常工况操作参数

位号	被控变量	所控调节阀位号	正常值	单位	正常工况
FIC101	工艺物料进料流量	FV101	3072.5	kg/h	投自动
FIC102	采暖水流量	FV102	9584.0	kg/h	投自动
PIC101	V-105压力	PV101	2.0	atm	投自动
PDIC112	雾化蒸汽压差	PV112	4.0	atm	投自动
PIC109	燃料油压力	PV109	6.0	atm	投自动
TIC106	工艺物料出炉温度	TV106	420.0	℃	投自动

2. 显示仪表及其正常工况值（如表 3-44 所示）

表 3-44　显示仪表及其正常工况操作参数

位号	显示变量	正常值	单位	位号	显示变量	正常值	单位
TI104	炉膛温度	640.0	℃	LI101	V-105 液位	0.0	%
TI105	烟气温度	210.0	℃	LI115	V-108 液位	50.0	%
TI108	燃料油温度	75.0	℃	AR101	烟气氧含量	4.0	%
TI134	炉出口温度	420.0	℃	MI101	炉风门开度	50.0	%
TI135	炉出口温度	420.0	℃	MI102	烟道气挡板开度	35.0	%
FRIQ104	燃料气流量	210.0	Nm^3/h	COMP·G	炉膛内可燃气体含量	0.5	%
PI107	炉膛负压	−2.0	mmH_2O				

3. 现场阀说明（如表 3-45 所示）

表 3-45　现场阀

位号	名称	位号	名称	位号	名称
D01	调节阀 FV101 旁通阀	D12	燃料油入炉根部阀	B14	调节阀 PV112 后阀
D02	V-105 泄液阀	D13	调节阀 FV102 旁通阀	B15	调节阀 PV112 前阀
D03	吹扫蒸汽阀	B01	调节阀 FV101 前阀	B24	公用工程开关（UTILIYT）
D04	调节阀 TV106 旁通阀	B02	调节阀 FV101 后阀	B30	联锁不投用开关（BYPASS）
D05	长明线根部阀	B03	调节阀 TV106 前阀	B33	点火棒开关（PORTFIRE）
D06	燃料油储罐 V-108 回油阀	B04	调节阀 TV106 后阀	B34	联锁复位开关（RESET）
D07	调节阀 PV112 旁通阀	B08	调节阀 PV109 后阀	HS101	油气控制切换开关
D08	燃料油进 V-108 阀	B09	调节阀 PV109 前阀	S01	燃料气进加热炉电磁阀
D09	雾化蒸汽入炉根部阀	B12	调节阀 FV102 后阀	S02	燃料油进加热炉电磁阀
D10	燃料气入炉根部阀	B13	调节阀 FV103 前阀	S03	燃料油返回 V-108 电磁阀

相关操作提示

烟道气挡板和风门的开度原炉膛温度也有影响。

非正常状态可能触发联锁动作。

四、操作说明

仿 DCS 图如图 3-43 所示，仿现场图如图 3-44 所示。

（一）正常运行

熟悉工艺流程和各工艺参数（相关工艺参数见表 3-43 和表 3-44），尝试调节各阀门，观察其对各工艺参数的影响，从中学习用正确的方法调节各工艺参数，维护各工艺参数稳定；密切注意各工艺参数的变化，发现不正常变化时，应先分析事故原因，并做及时正确的处理。

（二）冷态开车

1. 开车前的准备

① 确认所有调节器设置为手动，调节阀和现场阀处于关闭状态（软件中已省略，但实际工作中应完成相关准备）；

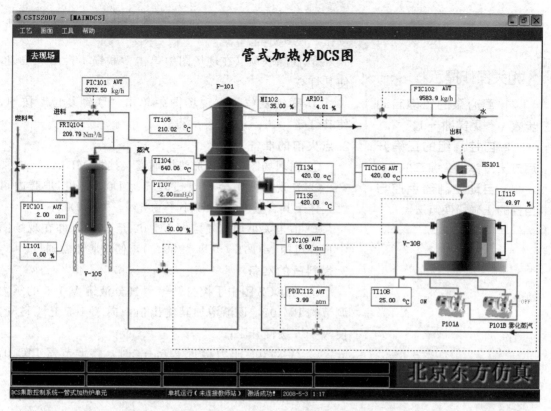

图 3-43 管式加热炉单元仿 DCS 图

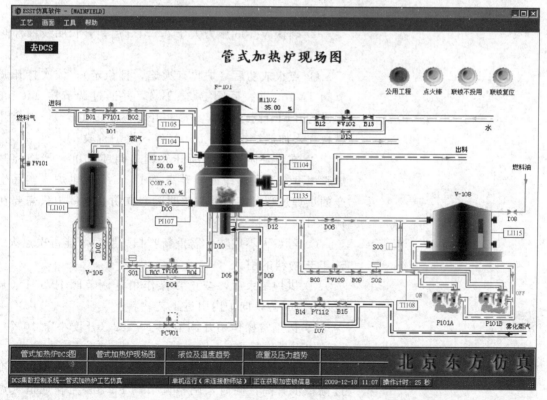

图 3-44 管式加热炉单元仿现场图

相关操作提示

1. 离心泵的正确启动步骤（参见实训一）；
2. 自控阀组的正确开启方法（参见实训二）；
3. 自动控制器手控与自控的正确切换方法。

② 启动公用工程（在现场图中单击"联锁不投用"按钮，使其灯亮）；

③ 摘除联锁（在现场图中单击"联锁不投用"按钮，使其灯亮）；

④ 联锁复位（在现场图中单击"联锁复位"按钮，使其灯亮）。

2. 点火前的准备

① 在现场图中全开加热炉烟道气挡板 MI102；

② 在现场图中全开吹扫蒸气阀 D03，吹扫炉膛内可燃气体至其含量 COMPG 小于 0.5%，关闭 D03；

③ 适当关小烟道气挡板 MI102 至 30%，并在现场图中打开风门 MI101（开度为 30%），使炉膛正常通风。

3. 燃料气的准备

① 在 DCS 图中手控打开燃料气分液罐 V-105 的压力调节阀 PV101，逐渐增加其输出值，向 V-105 充燃料气，使 V-105 缓慢升压；

② 待 V-105 压力接近 2.0atm 时，将调节器 PIC101 投自动（设定值为 2.0atm）。

4. 加热炉点火与烘炉

① 开点火棒（在现场图中单击"点火棒"按钮，使其灯亮）；

② 确认 V-105 压力大于 0.5atm 后，开长明线根部阀 D05，开度为 50%；

③ 点火成功后（炉膛有火焰，且稳定），依次打开调节阀 TV106 前、后阀 B03、B04，并通过调节器 TIC106 缓慢打开调节阀 TV106（最初开度不超过 10%），再全开燃料气入加热炉根部阀 D10，进入烘炉阶段；

④ 在烘炉阶段，逐渐开大调节阀 TV106，严格控制炉膛温度按升温曲线逐渐升高至 180℃ 完成烘炉（实际生产的烘炉过程可能需要很长时间，在仿真软件中只需要在 100～180℃ 维持 30s）；

⑤ 若点火不成功，需重新吹扫炉膛后才能再次点火。

5. 工艺物料的引入

① 烘炉结束后，按正常操作稍开调节阀 FV101（开度小于 10%），向炉内引进工艺物料；

② 按正常操作稍开调节阀 FV102（开度小于 10%），向炉内引进采暖水；

③ 及时调整调节阀 TV106 和 FV101，控制炉膛温度逐渐稳步升高；同时，调整调节阀 FV102 控制烟道气温度小于 210℃；

④ 当工艺物料流量 FIC101 和采暖水流量 FIC102 接近并稳定到正常值时，将 FIC101 和 FIC102 投自动（设定值分别为：3072.5kg/h 和 9584.0kg/h）。

6. 启动燃料油系统

① 当炉膛温度 TI104 大于 200℃，且工艺物料流量 FIC101 大于 2000.0kg/h 时，按正常操作微开雾化蒸汽调节阀 PV112（开度小于 10%），并全开雾化蒸汽根部阀 D09；

② 依次开调节阀 PV109 前阀 B09、后阀 B08，打开燃料油储罐回油阀 D06，启动燃料油工作泵 P101A，微开调节阀 PV109（开度小于 10%），建立起燃料油循环；

③ 缓开燃料油根部阀 D12，待火嘴点燃，且火焰稳定后，再逐渐开大 D12；

④ 适当打开燃料油储罐 V-108 进料阀 D08，保持其液位在 50% 左右；

⑤ 调节 PV109 开度使燃料油压力保持在 6.0atm，同时，调节 PV112 开度使雾化蒸汽压差在 4.0atm，并及时调整风门 MI101 和烟道气挡板 MI102 开度，保持炉膛负压 PI107 和烟道气氧含量 AR101 在正常值（分别为 $-2.0\text{mmH}_2\text{O}$ 和 4.0%）左右。

7. 调整

① 逐渐升温，使炉出口温度达到正常值（炉膛温度 TI104 为 640℃，物料炉出口温度 TIC106 为 420℃）；

② 继续维持炉膛负压 PI107 和烟道气氧含量 AR101 在正常值；

③ 当各工艺指标达到并稳定在正常值时，将其投自动；

④ 联锁投用，在现场图中单击"联锁不投用"按钮，使其灯灭。

（三）正常停车

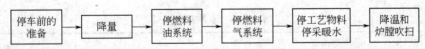

1. 停车前的准备

摘除联锁系统（在现场图中单击"联锁不投用"按钮，使其灯亮）。

2. 降量

① 通过调节器 FIC101 逐步降低工艺物料进料量至正常值的 70%（2200kg/h）；

② 与此同时，通过调节器 PIC109 和 TIC106 逐步减少燃料油压力或燃料气流量，来维持工艺物料炉出口温度 TIC106 稳定在 420℃ 左右（在降低燃料油压力时，要注意

相关操作提示

1. 非正常操作状态可能触发联锁动作；
2. 调节器在非正常操作状态下设为手动；
3. 自控阀组的关闭步骤与开时相反。

同步降低雾化蒸汽的压力差）；

③ 此时还要逐步降低采暖水 FIC102 的流量，并适当调节风门 MI101 和烟道气挡板 MI102 的开度，维持烟道气氧含量 AR101 和炉膛负压 PI107，从而达到控制工艺物料炉出口温度 TIC106 的目的。

3. 停燃料油系统

① 当 FIC101 降至正常量的 70% 后，逐步开大燃料油的回油阀 D06，以降低燃料油压力，并降温；

② 当回油阀 D06 全开后，逐渐关闭燃料油调节阀 PV109，再停燃料油泵 P101A/B；

③ 在降低燃料油压力的同时，用调节器 PDIC112 适当降低雾化蒸汽压力差，最终关闭雾化蒸汽；

④ 同时注意调节采暖水流量 FIC102 和工艺物料流量 FIC101，以保证工艺物料炉出口温度 TIC106 稳定在 420℃ 左右；

⑤ 关闭雾化蒸汽时加热炉根部阀 D09，按正常操作关闭雾化蒸汽自控阀组 PDIC112；并关闭储罐 V-108 燃料油进料阀 D08；

⑥ 关闭燃料油进加热炉根部阀 D12，关闭调节阀 PV109 的后阀 B08 和前阀 B09。

4. 停燃料气系统

① 待燃料油系统停完后，按正常操作关闭调节器 PIC101 调节阀，停止向 V-105 供燃料气；

② 待 V-105 压力 PIC101 小于 0.2atm 时，按正常操作关燃料气调节阀 TV106，并关闭燃料气进炉根部阀 D10；

③ 当 V-105 压力 PIC101 小于 0.1atm 时，关长明灯根部阀 D05 熄火。

5. 停工艺物料和采暖水

当炉膛温度 TI104 小于 150℃ 时，按正常操作关闭调节阀 FV101 和 FV102，停工艺物料和采暖水。

6. 加热炉降温及炉膛吹扫

① 熄火后，开吹扫蒸汽阀 D03 吹扫炉膛 5s（实际操作过程需 10min）后将其关闭；

② 逐渐全开风门 MI101 和烟道气挡板 MI102，使炉膛正常通风，让加热炉自然降至常温，完成正常停车操作。

（四）事故处理（如表 3-46 所示）

表 3-46 事故处理

事故处理名称	主要现象	处理方法
燃料油火嘴堵	① 燃料油泵出口压力忽大忽小； ② 燃料气流量急剧增大	紧急停车
燃料气压力低	① 燃料气分液罐压力低； ② 炉膛温度降低； ③ 炉出口温度降低	通过 HS101 切换为油控温，并开大燃料油调节阀 PV109，同步调整雾化蒸汽调节阀 PDV112、风门 MI101 和烟道气挡板 MI102
炉管破裂	① 炉膛温度急剧升高； ② 炉出口温度升高； ③ 燃料气或燃料油控制阀关闭	紧急停车
燃料气调节阀阀卡	调节阀 TV106 不可调	打开调节阀 TV106 的旁通阀 D04，通知维修

续表

事故处理名称	主要现象	处理方法
燃料气带液	① 炉膛和炉出口温度降低; ② 燃料气流量增加; ③ 燃料气分液罐液位上升	打开原料缓冲罐 V-105 泄液阀 D02,使 V-105 泄液;开大燃料气入炉流量 也可改用燃料油压力 PIC109 控温,并关闭燃料气
燃料油带水	① 燃料气流量增加; ② 炉膛和炉出口温度降低	用调节器 TIC106 控制炉温;关闭燃料油入炉根部阀 D12,并全开燃料油回油阀 D06;关闭雾化蒸汽入炉根部阀 D09;按正常操作停燃料油泵 P101A/B 及燃料油输送线路各阀;通知调度室
雾化蒸汽压力低	① 产生联锁; ② 调节器 PIC109 控制失灵; ③ 炉膛温度降低	用调节器 TIC106 控制炉温;关闭燃料油入炉根部阀 D12;关闭雾化蒸汽根部阀 D09;通知调度室
燃料油泵 P101A 坏	① 炉膛温度急剧下降; ② 燃料气控制阀开度增加	现场启动备用泵;调节燃料气控制阀 TV106 开度,稳定炉膛温度到正常值;并通知维修部门

五、思考题

1. 什么叫工业炉?按热源可分为几类?
2. 油气混合燃烧炉的主要结构是什么?开/停车时应注意哪些问题?
3. 加热炉在点火前为什么要对炉膛进行蒸汽吹扫?
4. 加热炉点火时为什么要先点燃点火棒,再依次开长明线阀和燃料气阀?
5. 在点火失败后,应做些什么工作?为什么?
6. 加热炉在升温过程中为什么要烘炉?升温速度应如何控制?
7. 加热炉在升温过程中,什么时候引入工艺物料,为什么?
8. 在点燃燃油火嘴时应做哪些准备工作?
9. 雾化蒸汽量过大或过小,对燃烧有什么影响?应如何处理?
10. 烟道气出口氧气含量为什么要保持在一定范围?过高或过低意味着什么?
11. 加热过程中风门和烟道挡板的开度大小对炉膛负压和烟道气出口氧气含量有什么影响?
12. 本流程中三个电磁阀的作用是什么?在开/停车时应如何操作?

拓展思考

1. 管式加热炉紧急停车的关键是什么?你认为第一步要做的是什么?说明你的理由。
2. 说明你对长明线的理解,能否取消?

 锅炉

一、工艺流程简介

本单元采用自然水循环、双汽包、产过热蒸汽 65t/h 的 WGZ65-39-6 型锅炉为仿真培训对象而设计的。锅炉的主要用途是提供中压蒸汽及消除催化裂化装置再生的 CO 废气对大气的污染,回收催化装置再生的废气的热能。锅炉本体主要由:省煤器、上汽包、对流管束、下汽包、下降管、水冷壁、过热器、表面式减温器和上下联箱组成。锅炉设有一套完整的燃烧

关联知识

1. 锅炉的基本知识（概念、分类、结构及其作用）；

2. 锅炉用水处理程序和要求；

3. 锅炉运行的相关安全知识。

设备，可以适应燃料气（包括高压瓦斯气、CO 烟气等）、燃料油、液态烃等多种燃料。根据不同情况的要求，既可单独烧一种燃料，也可以多种燃料混烧，还可以分别和 CO 废气混烧。本软件为燃料气、燃料油、液态烃与 CO 废气混烧仿真。

除氧器 DW101 用蒸汽将系统外送来的软水热力除氧后，一部分经低压水泵 P102 送出供给全厂各车间，另一部分经高压水泵 P101 供锅炉用水，除氧器 DW101 的液位由调节器 LIC101 控制，而压力则由调节器 PIC101 控制。

锅炉给水中的一部分经减温器加热后与另一部分混合进入省煤器，两路给水的流量通过过热蒸汽温度调节器 TIC101 分程控制调节阀 TV101A 和 TV101B，两调节阀的分程动作如图 3-45 所示。被烟气回热至 256℃ 的饱和水进入上汽包，经对流管束至下汽包，再通

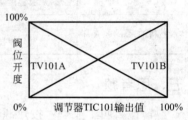

图 3-45　调节器 TIC101 分程动作示意图

过下降管到下联箱，经下联箱将饱和水均匀分配进入锅炉水冷壁，在水冷壁中吸收炉膛辐射热变成的汽水混合物经上联箱进入上汽包进行汽水分离。锅炉总给水量由上汽包液位调节器 LIC102 控制（注意：上汽包中的液位指示计较特殊，其起测点的值为 -300mm，上限为 300mm，正常液位为 0，整个测量范围为 600mm）。

在上汽包分离出的 256℃ 的饱和蒸汽经过过热器低温段（通过烟气换热）、减温器（锅炉给水减温）、过热器高温段（通过烟气换热）后，成为 447℃、3.77MPa 的过热蒸汽送入中压蒸汽网供给全厂使用。过热蒸汽温度由调节器 TIC101 分程控制调节阀 TV101A、TV101B 来实现。

高压瓦斯气或液态烃分别通过压力调节器 PIC104 和 PIC103 控制经高压瓦斯罐 V101 进入系统，从 V101 顶出来的可燃气体一部分经手阀 B17，过喷射器吸入低压瓦斯后送 2 号和 5 号火嘴，另一部分则由过热蒸汽压力控制器 PIC102 控制流量后送 1 号、3 号、4 号和 6 号火嘴。

燃料油经燃料油泵 P105 升压后送入上述六个火嘴进燃烧室。各火嘴吹扫蒸汽由手阀 B07 从系统外送入。

CO 烟气由催化裂化再生器系统送来，温度高达 500℃，从手阀 D03 经大水封罐进入锅炉，燃烧放热后再排至烟囱。

燃烧所用空气通过鼓风机 P104 增压送入燃烧室，送风量的大小，可根据烟气含氧量，由烟道挡板 D05 来调整。

锅炉单元工艺流程图如图 3-46 所示。

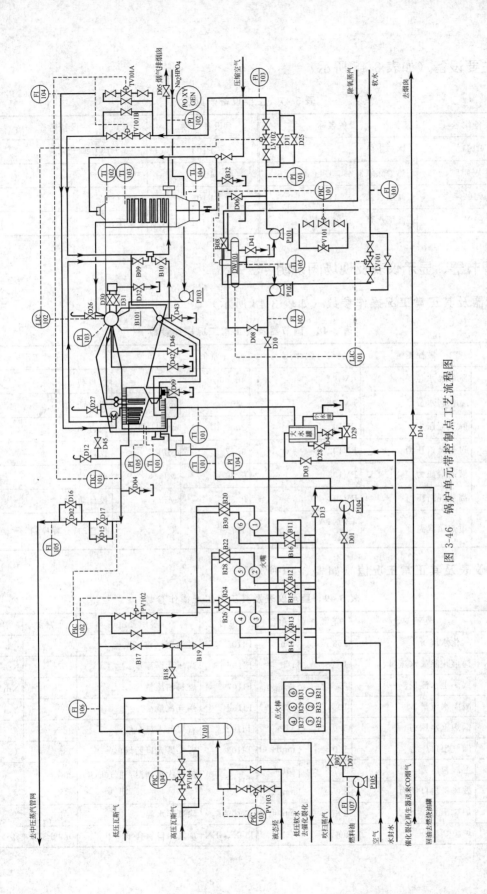

图 3-46 锅炉单元带控制点工艺流程图

二、主要设备（如表 3-47 所示）

表 3-47 主要设备一览表

设备位号	设备名称	设备位号	设备名称
B101	锅炉主体	P103	Na_2HPO_4 加药泵
DW101	热力除氧器	P104	鼓风机
P101	高压水泵	P105	燃料油泵
P102	低压水泵	V101	高压瓦斯罐

三、调节器、显示仪表及现场阀说明

1. 调节器及其正常工况操作参数（如表 3-48 所示）

表 3-48 调节器及其正常工况操作参数

位号	被控变量	所控调节阀位号	正常值	单位	正常工况
LIC101	除氧器水位	LV101	400.0	mm	投自动
LIC102	上汽包水位	LV102	0.0	mm	投自动
PIC101	除氧器压力	PV101	2000.0	mmH_2O	投自动
PIC102	过热蒸汽压力	PV102	3.77	MPa	投自动
PIC103	液态烃压力	PV103	0.30	MPa	投自动
PIC104	高压瓦斯压力	PV104	0.30	MPa	投自动
TIC101	过热蒸汽温度	TV101A TV101B	447.0	℃	投自动,分程控制

2. 显示仪表及其正常工况值（如表 3-49 所示）

表 3-49 显示仪表及其正常工况操作参数

位号	显示变量	正常值	单位	位号	显示变量	正常值	单位
FI101	软化水流量	158	t/h	FI105	过热蒸汽输出流量	65	t/h
FI102	送催化除氧水流量	105	t/h	FI106	高压瓦斯流量	657	Nm^3/h
FI103	锅炉上水流量	65	t/h	FI107	燃料油流量	1.26	Nm^3/h
FI104	减温水流量	10	t/h	FI108	烟气流量	100	Nm^3/h
PI101	锅炉上水压力	5.0	MPa	TI102	省煤器入口东烟温	385	℃
PI102	烟气出口压力	1.0	mmH_2O	TI103	省煤器入口西烟温	385	℃
PI103	上汽包压力	3.77	MPa	TI104	排烟段东烟温:油气+CO	200	℃
PI104	鼓风机出口压力	337.8	mmH_2O	TI104	油气	180	℃
PI105	炉膛压力	200	mmH_2O	TI105	除氧器水温	105	℃
TI101	炉膛烟温	900	℃	POXYGEN	烟气出口氧含量	0.9~3.0	%

3. 现场阀说明（如表 3-50 所示）

表 3-50 现场阀

位号	名称	位号	名称	位号	名称
D01	风机入口挡板	D27	过热器放空阀	B14	4号油枪进油阀
D02	中压蒸汽去管网隔离阀	D28	大水封上水阀	B15	5号油枪进油阀
D03	烟气量遥控阀	D29	小水封上水阀	B16	6号油枪进油阀
D04	过热器疏水阀	D30	上汽包水位计汽阀	B17	喷射器高压入口阀
D05	烟道挡板	D31	上汽包水位计水阀	B18	喷射器低压入口阀
D06	高压水泵再循环阀	D32	上汽包水位计放水阀	B19	喷射器出口阀
D07	燃料油遥控阀	D41	除氧器放水阀	B20	1号高压瓦斯气阀
D08	低压水泵再循环阀	D42	事故放水阀	B22	2号高压瓦斯气阀
D09	连续排污阀	D43	下汽包放水阀	B24	3号高压瓦斯气阀
D10	低压水泵出口阀	D44	大水封放水阀	B26	4号高压瓦斯气阀
D11	锅炉上水大旁通阀	D45	反冲洗阀	B28	5号高压瓦斯气阀
D12	过热蒸汽放空阀	D46	定期排污阀	B30	6号高压瓦斯气阀
D13	燃料油回油阀	B07	火嘴吹扫蒸汽阀	B21	1号点火棒
D14	烟气至烟囱的遥控阀	B08	除氧器蒸汽再沸阀	B23	2号点火棒
D15	过热蒸气出口旁通阀	B09	减温水回水阀	B25	3号点火棒
D16	中压蒸汽去管网隔离阀旁通阀	B10	省煤器与下汽包之间的再循环阀	B27	4号点火棒
D17	过热蒸汽出口阀（也叫主汽阀）	B11	1号油枪进油阀	B29	5号点火棒
D25	锅炉上水小旁通阀	B12	2号油枪进油阀	B31	6号点火棒
D26	上汽包放空阀	B13	3号油枪进油阀	B32	除尘阀

四、操作说明

供汽系统、燃料系统的仿DCS图、仿现场图和公用工程图分别如图3-47～图3-51所示。

相关操作提示

及时、小幅的调整是平稳操作的关键。

（一）正常运行

熟悉工艺流程和各工艺参数（相关工艺参数见表3-48和表3-49），尝试调节各阀门，观察其对各工艺参数的影响，从中学习用正确的方法调节各工艺参数，维护各工艺参数稳定；密切注意各工艺参数的变化，发现不正常变化时，应先分析事故原因，并做及时正确的处理。

正常运行的几点说明。

1. 正常运行的操作要点

（1）水位、水压、水温的调整

① 在正常运行中，不允许中断锅炉给水；当给水调节

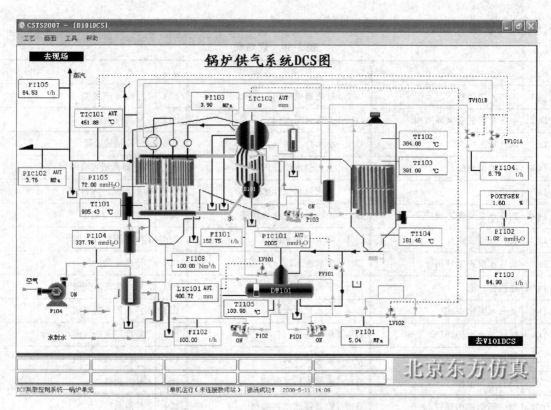

图 3-47 锅炉单元供汽系统仿 DCS 图

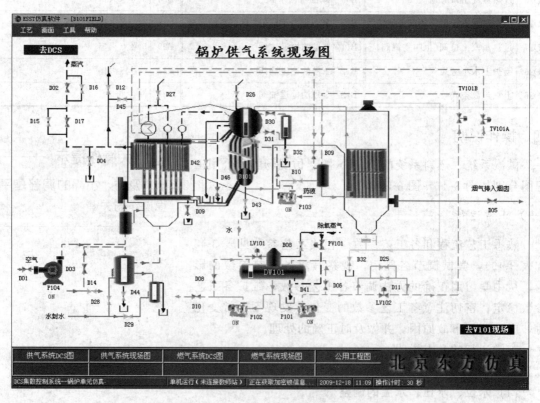

图 3-48 锅炉单元供汽系统仿现场图

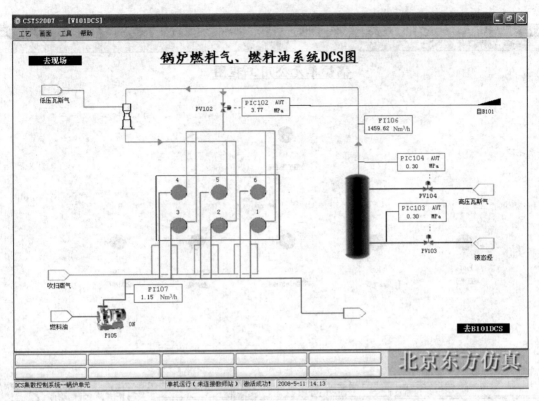

图 3-49 锅炉单元燃气、燃料油系统仿 DCS 图

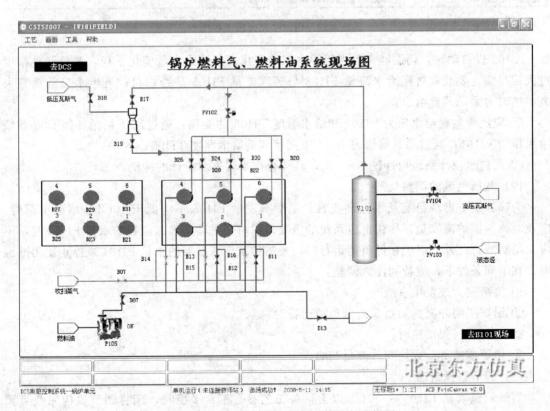

图 3-50 锅炉单元燃气、燃料油系统仿现场图

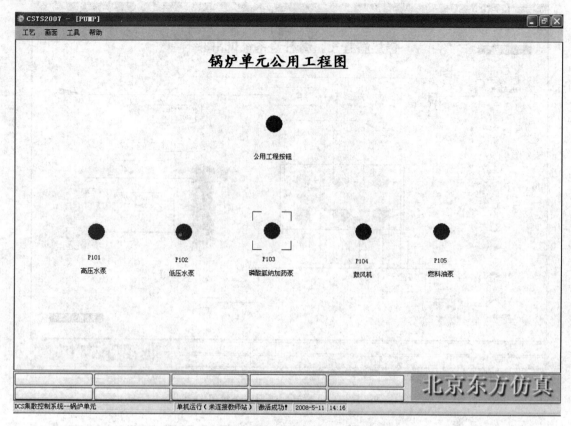

图 3-51 锅炉单元公用工程图

器 LIC102 投自动时,仍需经常监视锅炉水位的变化;保持给水量变化平稳,避免调整幅度过大或过急,要经常对照给水流量 FI103 与蒸汽流量 FI105 是否相符;若给水自动调整失灵,应改为手动调整给水;

② 应经常监视给水压力 PI101 和给水温度 TI105 的变化;通过高压泵循环阀 D06 调整给水压力 PI101;通过除氧器压力 PIC101 间接调整给水温度 TI105;

③ 汽包水位计每班应冲洗 1~3 次,具体操作步骤见水位计的冲洗。

(2) 气压气温的调整

为确保锅炉燃烧稳定及水循环正常,锅炉蒸发量 FI105 不应低于 40t/h;增减负荷时,应及时调整锅炉蒸发量,尽快适应系统的需要;同时,手动调整减温器的水量 FI104 时,不应猛增猛减;此外,锅炉在低负荷运行时,要酌情减少减温器的水量 FI104 或停止使用减温器;在下列条件下,应特别注意调整:

① 负荷变大或发生事故时;

② 锅炉刚刚并汽增加负荷或低负荷运行时;

③ 各种燃料阀切换时;

④ 停炉前减负荷或炉间过渡负荷时。

(3) 调节器投自动

当锅炉蒸发量 FI105 在 30t/h 以上,各工艺参数正常平稳时,应将调节机构完整且调节灵活的调节器投自动;但在系统出现大的波动、因自动调节跟踪不及时或自动控制失灵的情况下，都应解列有关自动装置，即将调节器改投手动（也正因为如此，调节器投自动后，仍需监视锅炉运行参数的变化，密切注意自动装置的动作情况，避免因失灵引起不良后果）。

2. 水位计的冲洗

(1) 汽包水位计冲洗步骤

① 开放水阀 D32，冲洗汽管、水管和玻璃管；

② 关水阀 D31，冲洗汽管及玻璃管；

③ 先开水阀 D31，再关汽阀 D30，冲洗水管；

④ 先开汽阀 D30，再关放水阀 D32，恢复水位计运行。

(2) 冲洗水位计时的安全注意事项

① 要注意人身安全，穿戴好劳动保护用具，要背向水位计，以免玻璃管爆裂伤人；

② 关闭放水阀 D32 时要缓慢，因为此时的水流量突然截断，压力会瞬时升高，容易使玻璃管爆裂；

③ 防止因工具的碰击，或汗水等温差大的低温液体触及玻璃管引起的爆裂。

3. 燃料的调整

(1) 排烟气中氧含量的调整

在运行中，应根据锅炉负荷合理地调整风量，在保证燃烧良好的条件下，尽量降低过剩空气系数，降低锅炉电耗；本单元要求排烟气中氧含量 POXYGEN 在 2.0%，如偏高，可关小排烟挡板 D05，反之，则加大 D05 开度。

(2) CO 烟气的投运

① CO 烟气投运前，要先烧油或瓦斯，并使炉膛温度 TI101 提高到 900℃ 以上，或锅炉负荷 FI105 为 25t/h 以上，且燃烧稳定，各部温度正常，并要完成相应的报批确认手续后才能开始操作；

② 在投入 CO 烟气时，应利用 CO 烟气遥控阀 D03 控制 CO 烟气量缓慢增加，并要控制 CO 烟气进炉控制蝶阀后压力比炉膛压力高 $30mmH_2O$，维持 30min 后再加大 CO 烟气量，使水封罐等均匀预热；

③ 停烧 CO 烟气时，应注意加大其他燃料量，保持锅炉的原负荷。在停用 CO 烟气后，大、小水封罐都应上水，以免急剧冷却造成水封罐内层钢板和衬筒严重变形或焊口裂开等事态发生。

(3) 燃料油的投运

在锅炉运行中，应根据负荷变化的情况，采用"多油枪，小油嘴"的运行方式，力求各油枪喷油量的均匀，且压力应在 1.5MPa 以上，投入油枪应注意左、右、上、下对称；在锅炉负荷变化时，应及时调整油量和风量，保持锅炉的汽压和汽温稳定。在增加负荷时，先加风后加油；在减负荷时，先减油后减风。

4. 锅炉的定期排污

① 不允许两台或两台以上的锅炉同时排污；

② 定期排污要求在负荷平稳，且上汽包处在高水位情况下进行；

③ 在排污过程中，如果锅炉发生事故，应立即停止排污；若引起低水位报警时，连续排污也应暂时关闭；

④ 每一定期排污回路的排污阀从全开到全关时间不准超过 0.5min，且不准同时开启两

个或更多的排污阀门；

⑤ 排污前，应做好联系；排污时，应注意监视给水压力和水位变化，维持正常水位；排污后，应进行全面检查确认各排污门关闭严密。

5. 钢珠除灰

钢珠除灰是利用钢珠撞击锅炉尾部烟道内的省煤器等设备外表面，清除其表面积灰，改善换热状况的一种方法。锅炉尾部受热面应定期除尘：当CO烟气投用时，每天要除尘一次。CO烟气停用时，可每星期进行一次。若排烟温度不正常升高，适当增加除尘次数。每次30min。钢珠除灰前，应做好联系。吹灰时，应保持锅炉运行正常，燃烧稳定，并注意汽温、汽压变化。

（二）冷态开车

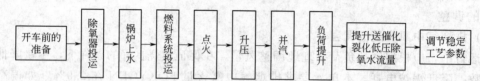

1. 开车前的准备

① 通过检查、水压试验、烘炉、煮炉等程序，确认本装置所有部件、元件、附件等都已处在待用状态；且所有调节器置为手动，人孔、手孔、点火孔、检查孔、防爆门、调节阀和现场阀等都处于关闭状态（软件中已省略，但实际工作中应完成相关准备）；

② 在公用工程画面中单击"公用工程（UTILITY）"按钮，启动公用工程，使所有公用工程均处于待用状态。

2. 除氧器投运

① 在供气系统（即锅炉供气系统，简称为供气系统）DCS图中，按正确操作步骤手动打开除氧器DW101液位调节阀LV101，向DW101充水到液位LIC101达到400mm时，将调节器LIC101投自动（设定值为400mm）；

② 在供气系统DCS图中，按正确操作步骤手动打开除氧器DW101除氧蒸汽调节阀PV101送除氧蒸汽，打开在供气系统现场图中DW101再沸腾阀B08，向DW101通一段时间蒸汽后关闭；

③ 当除氧器压力PIC101升至2000mmH_2O时，将压力调节器PIC101投自动（设定值为2000mmH_2O）。

3. 锅炉上水

① 在供气系统现场图中，打开上汽包液位计汽阀D30和水阀D31；

相关操作提示

1. 自控阀组的正确开启方法（参见实训二）；

2. 自动控制器手控与自控的正确切换方法；

3. 离心泵的启动方法（参见实训一）。

② 按正确操作步骤启动高压泵 P101，并调整高压泵循环阀 D06 使出口压力约为 5.0MPa；

③ 缓开给水调节阀 LV102 的小旁路阀 D25，控制上水流量 FI103 小于 10t/h（注意：实际上水时间较长，但在仿真操作教学中，可加大进水量，加快操作速度）；

④ 待水汽包液位 LIC102 升至－50mm 时，关给水调节阀 LV102 的小旁路阀 D25；

⑤ 打开省煤器和下汽包之间的再循环阀 B10；

⑥ 在供气系统 DCS 图中，按正确操作步骤打开上汽包液位调节阀 LV102 继续上水，当上汽包水位 LIC102 达到 0mm 左右时，将调节器 LIC102 投自动，设定值为 0mm。

4. 燃料系统的投运

① 在供气系统现场图中，开烟气大水封进水阀 D28；

② 在燃料系统（即锅炉燃料气、燃料油系统，以后简称为燃料系统）DCS 图中，按正确操作步骤打开调节阀 PV104，将高压瓦斯引入高压瓦斯罐 V101，当罐顶压力 PIC104 接近并稳定到正常值时，将调节器 PIC104 投自动，设定值为 0.3MPa；

③ 按正确操作步骤打开调节阀 PV103，调节液态烃压力 PIC103 接近并稳定到正常值时，将调节器 PIC103 投自动，设定值 0.3MPa；

④ 到燃料系统现场图中，依次开喷射器的高压入口阀 B17、出口阀 B19 和低压入口阀 B18；

⑤ 开火嘴蒸汽吹扫阀 B07，2min 后关闭；

⑥ 按正确操作步骤启动燃料油泵 P105，并通过泵 P105 出口阀 D07、回油阀 D13，逐渐调整泵 P105 出口燃料油流量 FI107 稳定在 $1.26m^3/h$，建立炉前油循环；

⑦ 到供气系统现场图中，关闭烟气大水封进水阀 D28，开大水封放水阀 D44，将大水封中的水排空；

⑧ 在供气系统现场图中，打开小水封上水阀 D29，为导入 CO 烟气做准备。

5. 点火

① 在供气系统现场图中，全开上汽包放空阀 D26、过热器放空阀 D27、过热器疏水阀 D04 和过热蒸汽放空阀 D12；

② 开连续排污阀 D09，开度为 50%；

③ 全开风机入口挡板 D01 和烟道挡板 D05，给炉膛送气；

④ 按正确操作步骤开启风机 P104，通风 5～10min（使炉膛不含可燃气体）后，将烟道挡板 D05 调至 20%；

⑤ 到燃料系统现场图中，逐个点燃 1 号、2 号、3 号燃气火嘴。先开点火棒，后开对应的炉前根部阀（对应的点火棒分别为 B21、B23、B25，炉前根部阀为 B20、B22、B24）；

⑥ 到供气系统 DCS 图中，严格按照锅炉的升压要求，逐渐手动控制调节阀 PV102 开度，调整高压瓦斯气的进料量；

⑦ 到燃料系统现场图中，按正确操作步骤逐个点燃 4 号、5 号、6 号燃气火嘴（对应的点火棒分别为 B27、B29、B31，炉前根部阀为 B26、B28、B30），完成点火。

6. 升压

冷态锅炉由点火达到并汽条件，时间应严格控制不得小于 3～4h，升压应缓慢平稳。在仿真器上为了提高培训效率，缩短为半小时左右。此间严禁关小过热器疏水阀 D04 和过热蒸汽放空阀 D12，赶火升压，以免过热器管壁温度急剧上升和对流管束胀裂渗水等现象发生。

① 到供气系统现场图中，按正确操作步骤启动加药泵 P103；

② 到燃料系统 DCS 图中，继续严格按照锅炉的升压要求，手动开大控制调节阀 PV102，使蒸汽压力 PI103 缓慢平稳地升到 0.1～0.2MPa 时，冲洗水位计一次（具体操作步骤见正常运行的几点说明）；

③ 用同样方法继续提升蒸汽压力 PI103 到 0.3～0.4MPa 时，开定期排污阀 D46，进行一次定期排污后关闭此阀（开关过程不准超过 0.5min）；

④ 继续提升蒸汽压力 PI103 到 0.7～0.8MPa 时，根据上水量估计排空蒸汽量，逐渐关小上汽包放空阀 D26 和减温器上过热器放空阀 D27；

⑤ 当过热蒸汽温度 TIC101 达 400℃时，到供气系统 DCS 图中按正确操作步骤逐渐打开调节阀 TV101A 投入减温器，并使过热蒸汽湿度 TIC101 达到且稳定在正常值 440℃；

⑥ 继续在燃料系统 DCS 图中，手动控制调节器 PV102 的开度，使过热蒸汽压力 PIC102 升至 3.6MPa 后，保持稳定 5min，准备锅炉并汽。

7. 并汽

① 确认过热蒸汽压力 PIC102 稳定在 3.62～3.67MPa，过热蒸汽温度 TIC101 大于 420℃，上汽包水位 LIC102 为 0mm 左右，准备并汽；在并汽过程中，用压力调节器 PIC102 维持过热蒸汽压力平稳，且低于母管压力 0.1～0.15MPa；

② 到供气系统现场图中，依次缓慢全开过热蒸汽出口旁通阀（也叫主汽阀旁路阀）D15 和隔离阀旁路阀 D16；

③ 缓慢全开过热蒸汽出口阀（也叫主汽阀）D17 至 20%左右开度；

④ 缓慢开启隔离阀 D02，当过热蒸汽压力 PIC102 平稳到 3.67MPa 后，缓慢全开 D02；

⑤ 缓慢关闭隔离阀旁路阀 D16，开始暖管，并注意通过调节器 PIC102 手动维持过热蒸汽压力的平稳；

⑥ 缓慢关闭主汽阀旁路阀 D15，并注意通过调节器 PIC102 手动维持过热蒸汽压力的平稳；

⑦ 当过热蒸汽压力稳定到正常值时，将调节器 PIC102 投自动，设定值为 3.77MPa；

⑧ 缓慢关闭疏水阀 D04、过热蒸汽放空阀 D12、过热器放空阀 D27；

⑨ 关闭省煤器与下汽包之间再循环阀 B10，使系统水循环正常运行。

8. 负荷提升

① 在供气系统现场图中，逐渐开大主汽阀 D17，使锅炉产汽负荷 FI105 升至 20t/h 左右；

② 到供气系统 DCS 图中，利用减温调节器 TIC101 手动控制过热蒸汽温度稳定到正常值后，将 TIC101 投自动，设定值为447℃；

③ 到供气系统现场图中，逐渐开大主汽阀 D17，提升锅炉产汽负荷 FI105 至 35t/h 左右，但要注意控制，且要同时加大进水量及加热量，以保持操作的平稳，如果调节器 PIC102 的输出值大于 90%时，应考虑投入燃料油或 CO 烟气；同时，要注意用烟道挡板 D05 调整烟气出口氧含量值 POXYGEN 稳定到 0.9%～3.0%；

④ 继续按提升速度小于 3t/min 开大主汽阀 D17，使锅炉产汽负荷缓慢提升到 65t/h 左右；

⑤ 开除尘阀 B32，进行钢珠除尘，完成负荷提升。

9. 提升送催化裂化低压除氧水流量

① 在供气系统现场图中，按正确操作步骤启动低压水泵 P102；

② 适当开启低压水泵出口再循环阀 D08，调节泵出口压力；

③ 逐渐打开低压水泵出口阀 D10，使去催化的除氧水流量 FI102 为 100t/h。

10. 调节稳定工艺参数

继续监测各项工艺指标，发现异常情况及时做出准确判断，并严格按照正确操作步骤进行调节，保证各项工艺参数的稳定。

（三）正常停车

正常停车操作包括：停炉前的准备工作、降负荷、熄火、冷却、放水、清垢除泥、除灰。锅炉熄火后，蒸汽压力逐渐降到一定值时，关闭主汽阀停止向外供汽；此时，应打开过热器出口疏水阀，以便冷却过热器，30～50min 后再关闭。熄火时应让水位计水位保持在较高位置（因为随着锅炉的冷却，炉水容积将缩小，水位会下降）。熄火后为避免急剧冷却造成事故，冷却过程中锅炉应处于密闭状态，不允许冷空气进入，也不允许上水、放水。6h 后，可以打开烟气挡板、除尘阀，使锅炉自然通风冷却，并上水、放水一次；8h 后再进行一次上水、放水，并将过热器出口疏水阀再开启 30min 后关闭。以后每两小时上水、放水一次，使锅炉各部分温度均匀，经 20h 左右后，炉水温度降至 70～80℃时，就可以放掉锅炉里的水。放水后应趁热清除水垢和泥渣，以免冷却后变干发硬难于清除，同时，还应及时清除各受热面的积灰。软件中压缩了冷却过程的时间，且放水后的操作软件也简化掉了。正确的培训操作过程如下。

> **相关操作提示**
>
> 1. 调节器在非正常操作状态下设为手动；
>
> 2. 自控阀组的关闭步骤与开时相反。

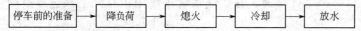

1. 停车前的准备

① 到供气系统现场图中，开除尘阀 B32，彻底排灰一次；

② 冲洗水位计一次（具体操作见正常运行的几点说明）；

③ 按正确操作步骤逐渐停加药泵 P103。

2. 降负荷

① 到供气系统 DCS 图中，用调节器缓慢开大减温器

冷水流量 FI104，使蒸汽温度缓慢下降；

② 到供气系统现场图中，缓慢关小过热蒸汽出口阀（即主汽阀）D17，降低锅炉蒸汽负荷，维持蒸汽压力稳定；

③ 打开疏水阀 D04。

3. 熄火

在降低负荷的同时，按 CO 烟气、燃料油、液态烃、高压瓦斯气的顺序关闭燃烧用的燃料，以使蒸汽压力基本维持不变。但应注意以下几点。

① 关燃料油、燃料气根部阀时，应尽量对称关闭；

② CO 烟气关闭后，应开大水封上水阀 D28 进水保持水封；

③ 燃料油关闭后，应开 B07 蒸汽吹扫阀进行一次扫线。

仿真培训的操作如下。

① 在供气系统现场图中，逐渐关闭烟气量遥控阀 D03，停用 CO 烟气，开大小水封上水阀 D29；

② 到燃料系统现场图中，缓慢关闭燃料油泵出口阀 D07；

③ 按正确操作步骤停燃料油泵 P105；

④ 打开火嘴吹扫蒸汽阀 B07 对火嘴进行吹扫；

⑤ 到燃料系统 DCS 图中，依次用调节器 PIC103、PIC104 缓慢关闭液态烃压力调节阀 PV103 和高压瓦斯压力调节阀 PV104；

⑥ 到供气系统 DCS 图中，缓慢关闭过热蒸汽压力调节阀 PV102。

4. 冷却

① 到供气系统现场图中，逐渐关闭过热蒸汽出口阀（即主汽阀）D17，尽量控制炉内压力 PI103 平缓下降；随后关闭隔离阀 D02；

② 关闭连续排污阀 D09，并确认定期排污阀 D46 已关闭；

③ 关闭风机入口挡板 D01，按正确操作步骤停鼓风机 P104，再关闭烟道挡板 D05，使炉温缓慢下降；

④ 同时，调整高压水泵出口循环阀 D06，使其出口压力 PI101 不致太高；

⑤ 到供气系统 DCS 图中，利用调节器 LIC102 缓慢关闭调节阀 LV102；

⑥ 到供气系统现场图中，打开再循环阀 B10；

⑦ 过热蒸汽出口阀（即主汽阀）D17 关闭后，可随时关闭除氧器加热蒸汽（即关闭调节阀 PV101）、停低压水泵 P102；

⑧ 当上汽包压力 PI103 降至 0.1～0.3MPa 时，在供气系统现场图中打开上汽包放空阀 D26、过热器放空阀 D27；

⑨ 打开给水小旁通阀 D25，使上汽包水位升至+30mm 后关闭；

⑩ 当炉膛温度 TI101 降至 100℃后，停高压水泵 P101。

5. 放水

① 除氧器温度 TI105 降至 80℃后，在供气系统现场图中，打开除氧器放水阀 D41，将除氧器中的水放净；

② 炉膛温度 TI101 降至 80℃后，打开下汽包放水阀 D43，将汽包中的水放净；

③ 开启鼓风机入口挡板 D01、鼓风机 P104 和烟道挡板 D05 对炉膛进行吹扫，然后将它们关闭。

（四）事故处理（如表3-51所示）

表3-51 事故处理

事故处理名称	主要现象	处理方法
锅炉满水	上汽包水位计指示值升高或突然超过可见范围(±300mm)；(如仍能从水位计看到水位，称为轻微满水；如已超过可见范围，则是严重满水，此时过热蒸气温度下降，给水流量不正常地大于蒸汽流量，PIC102为自动状态时，排烟气出口氧含量POXYGEN下降，为手动状态时，则PIC102指示蒸汽压力下降)；由于自动调节，给水量减少	事故原因应该是上汽包水位调节器LIC102失灵。要按如下的步骤紧急停车(对于不同的原因，紧急停车的具体操作会有所不同，但大的操作步骤都包含有：停燃料系统、降低锅炉负荷、停止上水)。 ①停燃料系统 关闭燃料油泵出口阀D07；手动关闭过热蒸汽压力调节阀PV102；关闭喷射器入口阀B17；打开B07对火嘴进行蒸汽吹扫5~10min；停鼓风机P104；关烟道挡板D05和引风机挡板D01。 ②降低锅炉负荷 关闭过热器前疏水阀D04；关过热蒸汽出口阀D17；开过热蒸汽放空阀D12和上汽包放空阀D26。 ③停止上水 停加药泵P103；手动关闭上汽包液位调节阀LV102；关闭上汽包与省煤器之间的再循环阀B10；开下汽包泄液阀D43
锅炉缺水	上汽包水位下降，锅炉上水流量不正常下降(PIC102在自动状态时，高压瓦斯气流量下降，锅炉排烟气中氧含量上升)	事故原因是高压水泵P101出口给水调节阀LV102阀卡。 处理方法：开启给水调节阀的旁通阀D11、D25，手动调节给水流量，如仍无效，则紧急停车
对流管坏	上汽包水位波动大，过热蒸汽温度急剧下降，给水流量增加、压力下降，蒸汽温度下降	事故原因是对流管开裂，汽水漏入炉膛。 处理方法：紧急停车
减温器坏	过热蒸汽温度降低，减温水流量FI104不正常减少；如蒸汽温度调节器TIC101在自动状态，会不正常地出现忽大忽小振荡	事故原因是减温器出现内漏，减温水进入过热蒸汽。 处理方法：降低产汽负荷，将过热蒸汽温度调节器TIC101投手动，并关闭减温水调节阀TV101A，适当打开蒸汽过热器疏水阀D04，暂时维持运行
蒸汽管坏	给水流量上升，但蒸汽量反而略有下降，给水量与蒸汽量不平衡，锅炉负荷呈上升趋势	事故原因是蒸汽管破裂。 处理方法：紧急停车
给水管坏	给水不正常减小，除氧器水位有下降趋势，LIC101输出值增加，锅炉上水量与除氧系统水量不平衡	事故原因是给水流量计前部上水管破裂。 处理方法：紧急停车
省煤器发生二次燃烧	排烟气温度不断上升，超过250℃，烟道和炉膛正压增加	事故原因是省煤器发生二次燃烧。 处理方法：紧急停车
电源中断	鼓风机、高压水泵、低压水泵、燃料油泵突然停运，锅炉灭火等；蒸汽压力、温度下降，除蒸汽流量和高压瓦斯气流量外，其余物料流量显示为0	事故原因是电源中断。 处理方法：紧急停车

五、思考题

1. 锅炉本体由几部分组成？各部分的作用是什么？
2. 锅炉用水有什么要求？为什么炉水要进行定期排污和连续排污？
3. 为什么点火前要对炉膛分别进行蒸汽吹扫和空气吹扫？
4. 本仿真培训单元中，各燃料点火是如何进行的？
5. 运行中对锅炉进行监视和调节的主要任务是什么？
6. 为什么在锅炉的升压过程中，要求一定要按照操作过程缓慢平稳地进行？
7. 并汽后负荷的提升可以迅速进行吗？为什么？

 拓展思考

1. 请用图示的方法画出锅炉正常开车、正常停车全过程的示意简图，并说明各过程的关键操作步骤。
2. 根据你所学的自控知识，谈谈上汽包水位用什么控制系统将会更好？并请画出自控图。

 关联知识

1. 萃取的基本知识；
2. 串级控制的基本知识；
3. 液位控制的基础知识。

实训十一 催化剂萃取

一、工艺流程简介

本装置是通过萃取剂（水）来萃取丙烯酸丁酯生产过程中的催化剂（对甲苯磺酸）。

将自来水（FCW）通过阀 V4001 或者通过泵 P425 送进催化剂萃取塔 C-421，当液位调节器 LIC4009 为 50％时，关闭阀 V4001 或泵 P425。从 R412B 来的反应物料（含有产品和催化剂）用泵 P413 加压后，经换热器 E-415 被冷却，送入催化剂萃取塔 C-421 的塔底，反应物料流量由 FIC4020 控制在 21126.6kg/h。开启泵 P412A，将来自 D411 的萃取剂（水）从塔顶部加入，流量由 FIC4021 和 LIC4009 串级控制在 2112.7kg/h；萃取后的丙烯酸丁酯主物料从塔顶排出，进入洗涤塔 C-422；塔底排出的水相中含有催化剂（占大部分）及未反应的丙烯酸分两路出系统，一路返回反应器 R-411 循环使用，一路去重组分分解器 R-460 作为分解用的催化剂，工艺流程如图 3-52 所示。

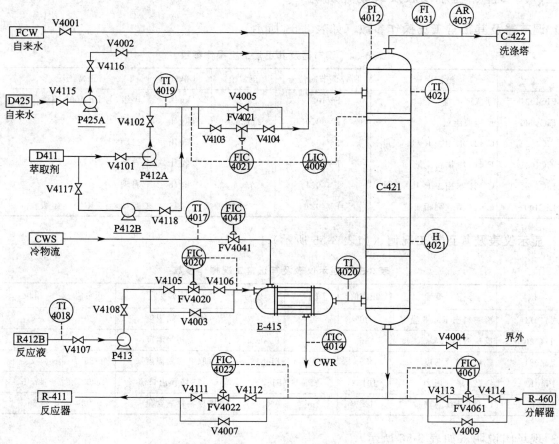

图 3-52 催化剂萃取单元带控制点工艺流程图

二、主要设备及物质（如表 3-52、表 3-53 所示）

表 3-52 主要设备一览表

设备位号	设备名称	设备位号	设备名称
P425	进水泵	E-415	冷却器
P412A/B	溶剂进料泵	C-421	萃取塔
P413	主物料进料泵		

表 3-53 主要物质一览表

组分	名称	化学分子式	组分	名称	化学分子式
H_2O	水	H_2O	D-AA	3-丙烯酰氧基丙酸	$C_6H_8O_4$
BUOH	丁醇	$C_4H_{10}O$	FUR	糠醛	$C_5H_4O_2$
AA	丙烯酸	$C_3H_4O_2$	PTSA	对甲苯磺酸	$C_7H_8O_3S$
BA	丙烯酸丁酯	$C_7H_{12}O_2$			

三、调节器、显示仪表及现场阀说明

1. 调节器及其正常工况操作参数（如表 3-54 所示）

表 3-54　调节器及其正常工况操作参数

位号	被控变量	所控调节阀位号	正常值	单位	正常工况
FIC4021	萃取剂流量	FV4021	2112.7	kg/h	串级，与 LIC4009 串级
FIC4020	反应液流量	FV4020	21126.6	kg/h	自动
FIC4022	C-421 水相去 R-411 流量	FV4022	1868.4	kg/h	自动
FIC4041	E-415 冷物料流量	FV4041	20000	kg/h	自动
FIC4061	C-421 水相去 R-460 流量	FV4061	77.1	kg/h	自动
LIC4009	C-421 萃取剂相液位	FV4021	50	%	自动，与 FIC4021 串级

2. 显示仪表及其正常工况值（如表 3-55 所示）

表 3-55　显示仪表及其正常工况操作参数

位号	显示变量	正常值	单位	位号	显示变量	正常值	单位
TI4014	冷物料出 E-415 温度	40	℃	TI4017	冷物料初始温度	20	℃
TI4020	反应液出 E-415 温度	35	℃	TI4018	反应液初始温度	55	℃
TI4021	C-421 塔顶温度	35	℃	TI4019	萃取剂初始温度	35	℃
PI4012	C-421 塔顶压力	101.3	kPa	FI4031	C-421 塔顶出口流量	21293.8	kg/h
H421	C-421 液体总液位	16.7	m	AR4037	塔顶物料氧含量	0.080	%

3. 现场阀说明（如表 3-56 所示）

表 3-56　现场阀

位号	名称	位号	名称	位号	名称
V4001	FCW 入口阀	V4103	FV4021 前阀	V4114	FV4061 后阀
V4002	水入口阀	V4104	FV4021 后阀	V4115	泵 P425 前阀
V4003	FV4020 旁通阀	V4105	FV4020 前阀	V4116	泵 P425 后阀
V4004	C-421 泄液阀	V4106	FV4020 后阀	V4117	泵 P412B 前阀
V4005	FV4021 旁通阀	V4107	泵 P413 前阀	V4118	泵 P412B 后阀
V4007	FV4022 旁通阀	V4108	泵 P413 后阀	V4123	泵 P425 排气开关
V4009	FV4061 旁通阀	V4111	FV4022 后阀	V4124	泵 P412A 排气开关
V4101	泵 P412A 前阀	V4112	FV4022 后阀	V4119	泵 P412B 排气开关
V4102	泵 P412A 后阀	V4113	FV4061 前阀	V4125	泵 P413 排气开关

 相关操作提示

维持系统稳定和充分估计控制系统的滞后性是平稳操作的关键。

四、操作说明

仿 DCS 图如图 3-53 所示，仿现场图如图 3-54 所示。

（一）正常运行

熟悉工艺流程和各工艺参数（相关工艺参数见表 3-54 和表 3-55），尝试调节各阀门，观察其对各工艺参数的影

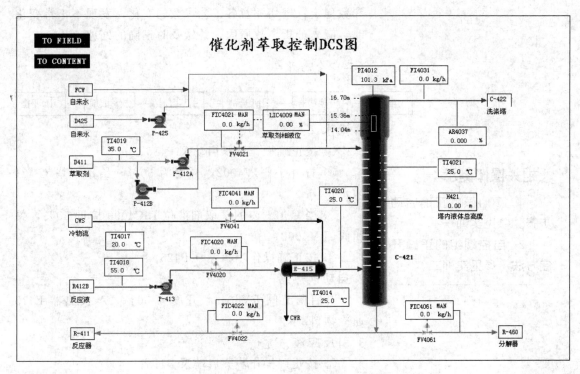

图 3-53 催化剂萃取单元仿 DCS 图

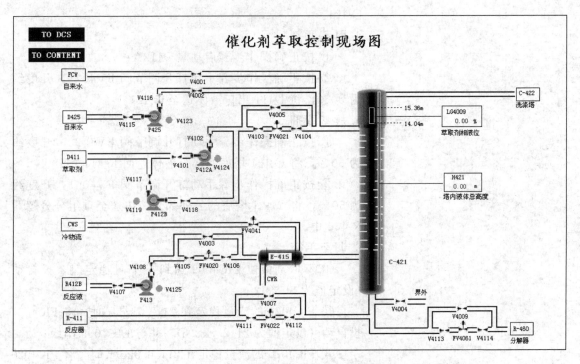

图 3-54 催化剂萃取单元仿现场图

响，从中学习用正确的方法调节各工艺参数，维持各工艺参数稳定；密切注意各工艺参数的变化，发现不正常变化时，应先分析事故原因，并做及时正确的处理。

(二) 冷态开车

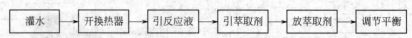

1. 灌水

① 按正确操作步骤启动泵 P425；

② 打开手阀 V4002，开度为 50%，给萃取塔 C-421 灌水；

③ 当 C-421 内的萃取剂液位 LIC4009 接近 50%，关闭阀门 V4002；

④ 按正确操作步骤停泵 P425。

相关操作提示

1. 离心泵的正确启动步骤（参见实训一）；

2. 自控阀组的正确开启方法（参见实训二）。

2. 启动换热器

开启调节阀 FV4041，开度为 50%，对换热器 E415 通冷物料。

3. 引反应液

① 按正确操作步骤启动泵 P413；

② 按正确操作步骤手动打开调节阀 FV4020，开度约为 50%，将 R-412B 出口液体经热换器 E-415，送至 C-421。

4. 引萃取剂

① 按正确操作步骤启动泵 P412A；

② 按正确操作步骤手动打开调节阀 FV4021，开度约为 50%，将 D411 出口液体送至 C-421。

5. 放萃取剂

① 按正确操作步骤手动打开调节阀 FV4022，开度约为 50%，将 C-421 塔底的部分液体返回 R-411 中；

② 按正确操作步骤手动打开调节阀 FV4061，开度约为 50%，将 C-421 塔底的另外部分液体送至重组分分解器 R-460 中。

6. 调至平衡

① 萃取剂液位 LIC4009 达到 50%且稳定时，投自动（设定值为 50%）；

② FIC4021 的流量稳定在 2112.7kg/h 时，将 FIC4021 投自动（设定值为 2112.7kg/h），并与 LIC4009 串级；

③ FIC4020 的流量稳定在 21126.6kg/h 时，将 FIC4020 投自动（设定值为 21126.6kg/h）；

④ FIC4022 的流量稳定在 1868.4kg/h 时，将 FIC4022

投自动（设定值为 1868.4kg/h）；

⑤ FIC4061 的流量稳定在 77.1kg/h 时，将 FIC4061 投自动（设定值为 77.1kg/h）；

⑥ FIC4041 流量稳定在 20000.0kg/h 时，将 FIC4041 投自动（设定值为 20000.0kg/h）。

（三）正常停车

1. 停主物料进料

① 按正确操作步骤关闭调节阀 FV4020；

② 按正确操作步骤停泵 P413。

2. 停换热器

① 将 FIC4041 改为手动；

② 将 FIC4041 关闭。

相关操作提示

1. 正常停车时调节器均设为手动；
2. 正常停车与冷态开车操作步骤相反。

3. 灌自来水

① 打开进自来水阀 V4001，开度为 50%；

② 当罐内物料相中的丙烯酸丁酯 BA 含量小于 0.9% 时，关闭进水阀 V4001。

4. 停萃取剂

① 将 LIC4009 改为手动并关闭；

② 将 FIC4021 改为手动；

③ 按正确操作步骤关闭调节阀 FV4021；

④ 按正确操作步骤关闭泵 P412A。

5. C-421 泄液

① 将 FIC4022 改为手动；

② 将 FV4022 的开度调为 100%；

③ 打开调节阀 FV4022 的旁通阀 V4007；

④ 将 FIC4061 改为手动；

⑤ 将 FV4061 的开度调为 100%；

⑥ 打开调节阀 FV4061 的旁通阀 V4009；

⑦ 打开阀 V4004；

⑧ 当 FIC4022 的值小于 0.5kg/h 时，按正确操作步骤关闭调节阀 FV4022；

⑨ 关闭 FV4022 旁通阀 V4007；

⑩ 按正确操作步骤关闭调节阀 FV4061；

⑪ 关闭 FV4061 旁通阀 V4009；

⑫ 关闭 C-421 泄液阀 V4004。

（四）事故处理（如表3-57所示）

表3-57　事故处理

事故处理名称	主要现象	处理方法
P412A 泵坏	① P412A 泵的出口压力急剧下降； ② FIC4021 的流量急剧减小	① 停泵 P12A； ② 换用泵 P412B
调节阀 FV4020 阀卡	FIC4020 的流量不可调节	① 开旁通阀 V4003； ② 关闭 FV4020 的前后阀 V4105、V4106
调节阀 FV4021 阀卡	FIC4021 的流量不可调节	① 开旁通阀 V4005； ② 关闭 FV4020 的前后阀 V4103、V4104

五、思考题

1. 本单元的萃取剂是什么？萃取剂的选择有什么要求？
2. 萃取操作是物理过程还是化学过程？为什么？
3. 萃取塔的一般结构。
4. LG4009 的液位有几种控制方法？
5. 反应液温度的高低对萃取操作是否有影响？
6. 你认为本单元操作过程中哪一参数较难控制？

拓展思考

请运用你所学过的知识对本单元进行物料衡算，是否平衡？

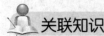

实训十二　精馏塔

一、工艺流程简介

关联知识

1. 精馏的作用和实质；
2. 精馏过程的主要设备；
3. 回流液的作用；
4. 分程控制和串级控制。

本单元是一种加压精馏操作，原料液为脱丙烷塔塔釜的混合液，分离后馏出液为高纯度的 C_4 产品，残液主要是 C_5 以上组分。

67.8℃ 的原料液经流量调节器 FIC101 控制流量（14056kg/h）后，从精馏塔 DA405 的第 16 块塔板（全塔共 32 块塔板）进料。塔顶蒸气经全凝器 EA419 冷凝为液体后进入回流罐 FA408；回流罐 FA408 的液体由泵 GA412A/B 抽出，一部分作为回流液由调节器 FC104 控制流量（9664kg/h）送回 DA405 第 32 块塔板；另一部分则作为产品，其流量由调节器 FC103 控制（6707kg/h）。回流罐的液位由调节器 LC103 与 FC103 构成的串级控制回路控制。DA405 操作压力由调节器 PC102 分程控制为

4.25atm，其分程动作如图3-55所示。同时，调节器PC101将调节回流罐的气相出料，保证系统的安全和稳定。

塔釜液体的一部分经再沸器EA408A/B回精馏塔，另一部分由调节器FC102控制流量（7349kg/h），作为塔底采出产品。调节器LC101和FC102构成串级控制回路，调节精馏塔的液位。再沸器用低压蒸汽加热，加热蒸汽流量由调节器TC101控制，其冷凝液送FA414。FA414的液位由调节器LC102调节。其工艺流程图如图3-56所示。

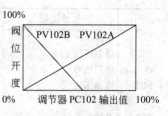

图3-55 调节阀PV102分程动作示意图

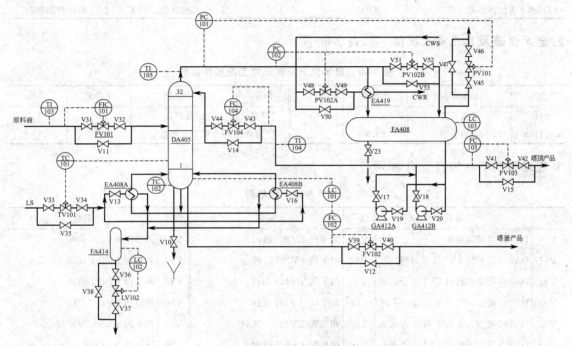

图3-56 脱丁烷塔单元带控制点工艺流程图

二、主要设备（如表3-58所示）

表3-58 主要设备一览表

设备位号	设备名称	设备位号	设备名称
DA405	精馏塔	GA412A/B	回流液输送工作泵/备用泵
EA419	精馏塔塔顶冷凝器	EA408A/B	精馏塔塔釜再沸器/备用
FA408	精馏塔塔顶回流罐	FA414	EA408A/B蒸汽冷凝液缓冲罐

三、调节器、显示仪表及现场阀说明

1. 调节器及其正常工况操作参数（如表3-59所示）

表3-59 调节器及其正常工况操作参数

位号	被控变量	所控调节阀位号	正常值	单位	正常工况
FIC101	塔进料量	FV101	14056.0	kg/h	投自动
FC102	塔釜采出量	FV102	7349.0	kg/h	投串级，与LC101构成串级控制回路

续表

位号	被控变量	所控调节阀位号	正常值	单位	正常工况
FC103	塔顶采出量	FV103	6707.0	kg/h	投串级,与LC103构成串级控制回路
FC104	塔顶回流量	FV104	9664.0	kg/h	投自动
PC101	塔顶压力	PV101	4.25	atm	投自动
PC102	塔顶压力	PV102A	4.25	atm	投自动、分程控制
		PV102B			
TC101	灵敏板温度	TV101	89.3	℃	投自动
LC101	塔釜液位	FV102	50.0	%	投自动,与FC102构成串级控制回路
LC102	蒸汽冷凝液缓冲罐液位	LV102	50.0	%	投自动
LC103	塔顶回流罐液位	FV103	50.0	%	投自动,与FC103构成串级控制回路

2. 显示仪表及其正常工况值（如表3-60所示）

表3-60　显示仪表及其正常工况操作参数

位号	显示变量	正常值	单位	位号	显示变量	正常值	单位
TI102	塔釜温度	109.3	℃	TI104	回流温度	39.1	℃
TI103	进料温度	67.8	℃	TI105	塔顶气温度	46.5	℃

3. 现场阀说明（如表3-61所示）

表3-61　现场阀

位号	名称	位号	名称	位号	名称
V10	DA405塔釜泄液阀	V31	调节阀FV101前阀	V43	调节阀FV104前阀
V11	DA405进料阀FV101旁通阀	V32	调节阀FV101后阀	V44	调节阀FV104后阀
V12	DA405塔釜出料阀FV102旁通阀	V33	调节阀TV101前阀	V45	调节阀PV101前阀
V13	DA405塔釜蒸汽进EA408A手阀	V34	调节阀TV101后阀	V46	调节阀PV101后阀
V14	DA405塔顶回流阀FV104旁通阀	V35	调节阀TV101旁通阀	V47	调节阀PV101旁通阀
V15	DA405塔顶采出阀FV103旁通阀	V36	调节阀LV102前阀	V48	调节阀PV102A前阀
V16	DA405塔釜蒸汽进EA408B手阀	V37	调节阀LV102后阀	V49	调节阀PV102A后阀
V17	回流泵GA412A泵后阀	V38	调节阀LV102旁通阀	V50	调节阀PV102A旁通阀
V18	回流泵GA412B泵后阀	V39	调节阀FV102前阀	V51	调节阀PV102B前阀
V19	回流泵GA412A泵前阀	V40	调节阀FV102后阀	V52	调节阀PV102B后阀
V20	回流泵GA412B泵前阀	V41	调节阀FV103前阀	V53	调节阀PV102B旁通阀
V23	FA408泄液阀	V42	调节阀FV103后阀		

相关操作提示

维持系统压力稳定和充分估计控制系统的滞后性是平稳操作的关键。

四、操作说明

仿DCS图如图3-57所示,仿现场图如图3-58所示。

（一）正常运行

熟悉工艺流程和各工艺参数（相关工艺参数见表3-59和表3-60）,尝试调节各阀门,观察其对各工艺参数的影响,从中学习用正确的方法调节各工艺参数,维护各工艺

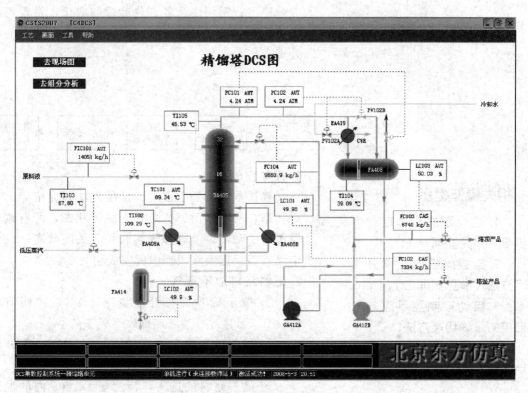

图 3-57 脱丁烷塔单元仿 DCS 图

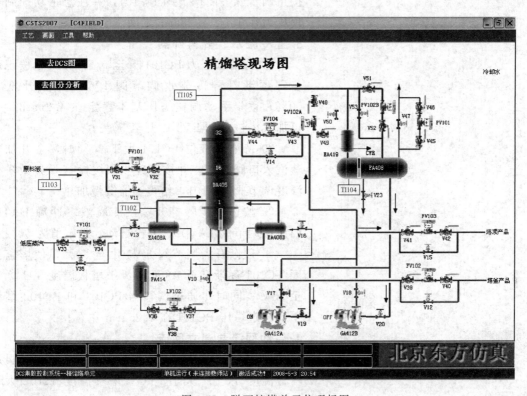

图 3-58 脱丁烷塔单元仿现场图

参数稳定；密切注意各工艺参数的变化，发现不正常变化时，应先分析事故原因，并做及时正确的处理。

（二）冷态开车

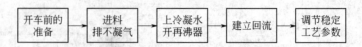

1. 开车前的准备

确认本装置处于常温、常压氮吹扫完毕后的氮封状态，所有阀门、机泵处于关停状态，所有调节器置为手动，调节阀和现场阀处于关闭状态（软件中已省略，但实际工作中应完成相关准备）。

2. 进料及排放不凝气

① 按正确步骤打开回流罐 FA408 顶调节阀 PV101（开度小于 5%）排放不凝气；

② 按正确步骤缓慢打开调节阀 FV101 至开度大于 40%，向精馏塔 DA405 进料；

③ 随着原料的进入，精馏塔 DA405 内的温度略升、压力升高，当压力 PC101 升高至 0.5atm 时，按正确步骤关闭调节阀 PV101，并注意手动控制塔顶压力在 1.0~4.25atm 之间。

3. 上冷凝水、开再沸器

① 待塔顶压力 PC101 升至 0.5atm 时，按正确步骤逐渐打开冷凝水调节阀 PV102A 至开度为 50%；逐步手动调整塔压基本稳定在 4.25atm 后，可加大塔进料阀 FV101 开至 50%；

② 待塔釜液位 LC101 大于 20% 时，全开加热蒸汽入口阀 V13，并按正确步骤缓慢打开灵敏塔板温度调节阀 TV101，给再沸器缓慢加热；

③ 按正确步骤打开蒸汽冷凝液缓冲罐 FA414 的液位调节阀 LV102，并投自动，设定值为 50%；

④ 逐渐开大调节阀 TV101 至 50%，使塔釜温度 TC101 逐渐升至 100℃，灵敏塔板温度 TI102 升至 75℃；同时，通过调节器 PC101 和 PC102 继续手动稳定塔压 PC101 在 4.25atm 左右。

4. 启动回流泵建立回流

① 待回流罐 FA408 液位 LC102 大于 20%，灵敏塔板温度 TC101 大于 75℃，塔釜温度 TI102 大于 100℃后，按正确步骤启动回流泵 GA412A；

相关操作提示

1. 离心泵的正确启动步骤（参见实训一）；
2. 自控阀组的正确开启方法（参见实训二）；
3. 自动控制器手控与自控的正确切换方法；
4. 串级控制回路的投用方法（参见实训二）。

② 按正确步骤逐渐打开调节阀 FV104 至开度大于 40%，进行全回流操作至回流罐 FA408 的液位 LC102 大于 40%。

5. 调节稳定工艺参数至正常

① 当塔压 PC101 稳定后，分别将调节器 PC101 和 PC102 投自动，设定值均为 4.25atm；

② 逐步调整进料量 FIC101 接近并稳定在正常值时，将 FIC101 投自动，设定值为 14056kg/h；

③ 继续调整调节阀 TV101 使灵敏塔板温度 TC101 稳定在 89.3℃、塔釜温度 TI102 稳定在 109.3℃后，将 TC101 投自动，设定值为 89.3℃；

④ 在保证回流罐 FA408 液位 LC103 和塔顶温度 TI105 的前提下，逐步开大回流量调节阀 FV104 至开度 50%，并使回流量稳定在正常值时，将调节器 FC104 投自动，设定值为 9664kg/h；

⑤ 当塔釜液位 LC101 大于 35% 时，按正确步骤逐渐打开调节阀 FV102，调整塔釜液采出流量 FC102 稳定在正常值时，将调节器 FC102 设自动，设定值为 7349kg/h；同时，将调节器 LC101 投自动，设定值为 50%；再将调节器 FC102 投串级，使其与 LC101 构成串级控制回路调节塔釜液位；

⑥ 当回流罐 FA408 液位 LC103 接近 50% 时，按正确步骤逐渐打开调节阀 FV103，调整产品流量 FC103 稳定在正常值时，将调节器 FC103 投自动，设定值为 6707kg/h；同时，将调节器 LC103 投自动，设定值为 50%；再将调节器 FC103 投串级，使其与 LC103 构成串级控制回路调节塔釜液位。

（三）正常停车

降负荷 → 停进料停再沸器 → 停回流 → 降压降温

相关操作提示

1. 非正常操作状态可能触发联锁动作；
2. 调节器在非正常操作状态下设为手动；
3. 自控阀组的关闭步骤与开时相反。

1. 降负荷

① 逐步手动关小调节阀 FV101 至开度小于 35%，降低进料至正常进料量的 70%；

② 同时保持灵敏板温度 TC101 和塔压 PC102 的稳定性，使精馏塔分离出合格产品；

③ 在降负荷的过程中，手动开大 FV103（开度大于 90%），用调节阀 FV103 排出回流罐中的液体产品，至回流罐液位 LC104 到 20% 左右；

④ 同时，手动开大 FV102（开度大于 90%），通过 FV102 排出塔釜产品，使 LC101 降至 30%左右。

2. 停进料和再沸器

当负荷降至正常的 70%，且产品已大部分采出后，才能进行停进料和停再沸器的操作。

① 按正常操作关调节阀 FV101，停精馏塔进料；
② 按正常操作关调节阀 TV101 和 V13（或 V16）阀，停再沸器加热蒸汽；
③ 按正常操作关调节阀 FV102 和 FV103，停止产品采出；
④ 打开塔釜泄液阀 V10，排放不合格产品，同时要控制好塔釜液位的下降速度；
⑤ 按正常操作打开调节阀 LV102，对蒸汽缓冲罐 FA414 进行排凝。

3. 停回流

① 停进料和再沸器后，手动开大调节阀 FV104，将回流罐 FA408 中的液体全部打入精馏塔 DA405，以逐步降低塔内温度；
② 当回流罐液位 LC103 接近 0 时，关调节阀 FV104，并按正常操作停泵 GA412A/B，停回流；
③ 完成对系统内各塔、罐、泵的排凝操作。

4. 降压、降温

① 灵敏塔板温度 TC101 小于 50℃时，按正常操作关闭调节阀 PV102A，停冷凝水；
② 当精馏塔釜液位 LC101 降至 0 时，关闭泄液阀 V10，同时，应按要求完成对系统内相应各罐、泵的排凝操作；
③ 当完成精馏塔 DA405 排凝后，手动打开调节阀 PV101，使塔内压力降至常压后，关闭调节阀 PV101；
④ 根据工程需要可安排氮气吹扫、蒸汽吹扫，最后完成停车操作。

（四）事故处理（如表 3-62 所示）

表 3-62 事故处理

事故处理名称	主要现象	处理方法
加热蒸汽压力过高	① 加热蒸汽的流量增大；② 塔釜温度持续上升	适当减小调节阀 TV101 的开度
加热蒸汽压力过高	① 加热蒸汽的流量减小；② 塔釜温度持续下降	适当开大调节阀 TV101 的开度
冷凝水中断	塔顶温度、压力升高	通知调度室，得到停车指令后正确完成如下操作： ① 开回流罐放空阀 PV101，保压； ② 手动关闭 FV101，停止进料； ③ 手动关闭 TV101，停加热蒸汽； ④ 手动关闭 FV103 和 FV102，停止产品采出； ⑤ 开塔釜排液阀 V10，排不合格产品； ⑥ 手动打开 LV102，对 FA414 泄液； ⑦ 当回流罐液位为 0 时，关闭 FV104； ⑧ 停回流泵 GA424A/B； ⑨ 待塔釜液位为 0 时，关闭泄液阀 V10； ⑩ 待塔顶压力降为常压后，关闭冷凝器

续表

事故处理名称	主要现象	处理方法
停电	回流泵 GA412A/B 停,回流中断	通知调度室,得到停车指令后正确完成如下操作: ① 手动开回流罐放空阀 PV101,泄压; ② 手动关进料阀 FV101,停止进料; ③ 手动关出料阀 FV102 和 FV103,停止产品采出; ④ 手动关加热蒸汽阀 TV101,停加热蒸汽; ⑤ 开塔釜排液阀 V10 和回流罐泄液阀 V23,排不合格产品; ⑥ 手动打开 LV102,对 FA414 泄液; ⑦ 当回流罐液位为 0 时,关闭 V23; ⑧ 完成回流线路排凝后,手动关闭该线路中各阀门; ⑨ 待塔釜液位为 0 时,关闭泄液阀 V10; ⑩ 待塔顶压力降为常压后,关闭冷凝器
回流泵 GA412A 故障	① 回流中断; ② 塔顶温度、压力上升	按正常操作启动切换备用泵 GA412B
回流量调节阀 FV104 阀卡	回流量开法调节	打开旁通阀 V14,并调整其开度保持回流量的稳定
停蒸汽	① 塔釜温度降低; ② 塔顶温度和压力降低; ③ 塔釜液位升高,回流罐液位降低;	参照冷凝水中断事故停车
塔釜出料调节阀 FV102 阀卡	塔釜采出流量不可调	打开旁通阀 V12,并调整其开度保证塔釜采出
再沸器严重结垢	① 塔釜温度降低; ② 塔顶温度和压力降低; ③ 塔釜液位升高,回流罐液位降低	参照冷凝水中断事故停车
仪表风停	各调节阀不可调	打开各调节阀旁通阀,并调整开度继续维持系统的工艺指标
进料压力突然增大	原料流量突然加大	手动控制调节阀 FV101,维持进料流量到正常值
再沸器积水	塔釜和蒸汽缓冲罐液位超标,塔釜温度降低	加大调节阀 LV102 开度,迅速降低蒸汽缓冲罐液位,使系统恢复正常
回流罐液位超高	回流罐液位超标	加大调节阀 FV103 开度,迅速降低回流罐液位,使系统恢复正常
塔釜轻组分含量偏高	塔釜采出液轻组分含量偏高	降低调节阀 FV104 的开度,适当减小回流量
原料液进料调节阀卡	进料流量不可调	打开调节阀 FV101 旁通阀 V11,并调整其开度维持进料

五、思考题

1. 什么叫蒸馏?蒸馏与精馏有何不同?它们在化工生产中作用是什么?
2. 精馏的主要设备有哪些?
3. 精馏操作中控制回流比的意义是什么?
4. 灵敏塔板温度对分离效果有何影响?请说出对它影响的因素有哪些?
5. 请列出塔顶温度和压力、塔釜液位和温度的影响因素。
6. 精馏操作最关键的工艺控制指标有哪些?
7. 什么条件下采出的产品才是合格的?
8. 你控制塔顶压力有几种方法?哪种最好?
9. 你认为本单元平稳控制的关键是什么?和同学们交流一下。

> **拓展思考**
>
> 1. 与同学们探讨一下：控制精馏塔塔顶压力、塔顶温度、灵敏板温度、塔釜液位、塔釜温度最直接有效的方法是什么？
> 2. 尝试设计一种你认为更好的自动控制系统。

实训十三 双塔精馏

> **关联知识**
>
> 1. 蒸馏、精馏的原理与差别；
> 2. 精馏段与提馏段、精馏塔与提馏塔的功能区别。

一、工艺流程简介

本流程仿真对象是丙烯酸甲酯生产流程中的醇拔头塔和酯提纯塔。醇拔头塔对应仿真单元里的轻组分脱除塔T150，酯提纯塔对应仿真单元里的产品精制塔T160。其工艺流程图如图3-59所示。

原料液经进料阀V405从轻组分脱除塔T150的中部进料，加热蒸馏脱出轻组分甲醇后，用泵P150A/B送产品精制塔T160中部；在T160中甲酯蒸气（38℃、21kPa）从塔顶进入产品精制塔顶冷凝器E162，全部冷凝流入冷凝罐V161，经泵P160A/B增压，一部分由控制器FIC150控制流量作为回流液返回产品精制塔，另一部分作为最终产品经阀VD707采出，或送精馏塔进一步精制加工。

塔T150热源为低压蒸汽，釜温度由TIC140和FIC140串级控制；塔釜液位由LIC119与FIC141串级控制。塔顶蒸汽经冷凝器E152全部冷凝流入冷凝罐V151油水分离，油相经泵P151A/B增压，一部分由FIC142控制流量作为T150的回流，另一部分则作为塔顶产品送下一工序（轻组分萃取釜），或直接作为T150塔顶产品排出系统；而水相送甲醇回收工序（轻组分萃取塔顶）。塔顶蒸汽压力由PIC128控制，塔顶冷凝器E152的冷源为冷却水；塔顶冷凝罐V151的油相液位由LIC121与FIC144串级控制，水相液位由LIC123与FIC145串级控制。

塔T160热源为低压蒸汽，釜温度由TIC148和FIC149串级控制；塔釜液位由LIC125与FIC151串级控制；塔顶压力由PIC133控制；塔顶冷凝器E162的冷源为冷却水；塔顶冷凝罐V161的液位由LIC126与FIC153串级控制。

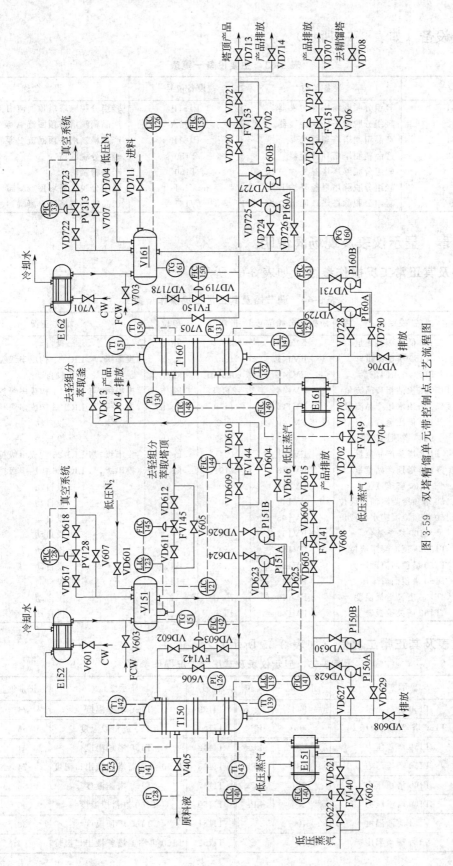

图 3-59 双塔精馏单元带控制点工艺流程图

二、主要设备（如表3-63所示）

表3-63 主要设备一览表

设备位号	设备名称	设备位号	设备名称
E151	轻组分脱除塔塔釜再沸器	P151B	轻组分脱除塔塔顶回流B泵
E152	轻组分脱除塔塔顶冷凝器	P161A	产品精制塔塔顶回流A泵
E161	产品精制塔塔釜再沸器	P161B	产品精制塔塔顶回流B泵
E162	产品精制塔塔顶冷凝器	T150	轻组分脱除塔
P150A	轻组分脱除塔塔釜外输A泵	T160	产品精制塔
P150B	轻组分脱除塔塔釜外输B泵	V151	轻组分脱除塔塔顶冷凝罐
P151A	轻组分脱除塔塔顶回流A泵	V161	产品精制塔塔顶冷凝罐

三、调节器、显示仪表及现场阀说明

1. 调节器及其正常工况操作参数（如表3-64所示）

表3-64 调节器及其正常工况操作参数

位号	被控变量	所控调节阀位号	正常值	单位	正常工况
FIC140	T150低压蒸汽流量	FV140	896.0	kg/h	投自动
FIC141	T150塔釜流量	FV141	2195.0	kg/h	投串级，与LIC119构成串级控制回路
FIC142	T150塔顶回流量	FV142	2026.01	kg/h	投自动
FIC144	T150塔顶油相产品流量	FV144	1241.85	kg/h	投串级，与LIC121构成串级控制回路
FIC145	T150塔顶水相产品流量	FV145	44.0	kg/h	投串级，与LIC123构成串级控制回路
FIC149	T160低压蒸汽流量	FV149	952	kg/h	投自动
FIC150	T160塔顶回流量	FV150	3287	kg/h	投自动
FIC151	T160塔釜产品流量	FV151	64	kg/h	投串级，与LIC125构成串级控制回路
FIC153	T160塔顶产品流量	FV153	2191	kg/h	投串级，与LIC126构成串级控制回路
LIC119	T150塔釜液位	FV141	50	%	投自动
LIC121	T150塔顶冷凝罐油相液位	FV144	50	%	投自动
LIC123	T150塔顶冷凝罐水相液位	FV145	50	%	投自动
LIC125	T160塔釜液位	FV151	50	%	投自动
LIC126	T160塔顶冷凝罐液位	FV153	50	%	投自动
PIC128	T150塔顶回流罐压力	FV128	61.33	kPa	投自动
PIC133	T160塔顶回流罐压力	FV133	21	kPa	投自动
TIC140	T150塔灵敏板温度	FV140	70.0	℃	投自动
TIC148	T160塔灵敏板温度	FV149	45.0	℃	投自动

2. 显示仪表及其正常工况值（如表3-65所示）

表3-65 显示仪表及其正常工况操作参数

位号	显示变量	正常值	单位	位号	显示变量	正常值	单位
FI128	T150进料流量	4944	kg/h	TI139	T150塔釜温度	71	℃
PG160	T160塔釜采出液压力	300	kPa	TI141	T150进料段温度	65	℃
PI125	T150塔顶压力	63	kPa	TI142	T150塔顶温度	61	℃
PI126	T150塔釜压力	73	kPa	TI143	T150再沸器塔釜液出口温度	74	℃
PI130	T160塔顶压力	21	kPa	TI147	T160塔釜温度	56	℃
PI131	T160塔釜压力	27	kPa	TI150	T160进料段温度	40	℃
TG151	V151罐液温度	40	℃	TI151	T160塔顶温度	38	℃
TG161	V161罐液温度	36	℃	TI152	T160再沸器塔釜液出口温度	64	℃

3. 现场阀说明（如表3-66所示）

表3-66 现场阀

位号	名称	位号	名称	位号	名称
V405	T150 原料液进料阀	VD610	FV144 后阀	VD706	T160 塔釜液排放阀
V601	E152 冷却水进口阀	VD611	FV145 前阀	VD707	T160 塔釜产品排放阀
V602	FV140 旁通阀	VD612	FV145 后阀	VD708	T160 塔釜产品去分馏塔阀
V603	V151 工艺水入口阀	VD613	T150 去轻组分萃取塔釜阀	VD711	V161 进料阀
V604	FV144 旁通阀	VD614	T150 轻组分排放阀	VD713	T160 塔顶产品采出阀
V605	FV145 旁通阀	VD615	T150 塔釜采出阀	VD714	T160 塔顶产品排放阀
V606	FV142 旁通阀	VD616	T160 进料阀	VD716	FV151 前阀
V607	PV128 旁通阀	VD617	PV128 前阀	VD717	FV151 后阀
V608	FV141 旁通阀	VD618	PV128 后阀	VD718	FV150 后阀
V701	E162 冷却水进口阀	VD621	FV140 后阀	VD719	FV150 前阀
V702	FV153 旁通阀	VD622	FV140 前阀	VD720	FV153 前阀
V703	V161 工艺水入口阀	VD623	泵 P151A 前阀	VD721	FV153 后阀
V704	FV149 旁通阀	VD624	泵 P151A 后阀	VD722	PV133 前阀
V705	FV150 旁通阀	VD625	泵 P151B 前阀	VD723	PV133 后阀
V706	FV151 旁通阀	VD626	泵 P151B 后阀	VD724	泵 P161A 前阀
V707	PV133 旁通阀	VD627	泵 P150A 前阀	VD725	泵 P161A 后阀
VD601	V151 低压氮气充气阀	VD628	泵 P150A 后阀	VD726	泵 P161B 前阀
VD602	FV142 后阀	VD629	泵 P150B 前阀	VD727	泵 P161B 后阀
VD603	FV142 前阀	VD630	泵 P150B 后阀	VD728	泵 P160A 前阀
VD605	FV141 前阀	VD702	FV149 前阀	VD729	泵 P160A 后阀
VD606	FV141 后阀	VD703	FV149 后阀	VD730	泵 P160B 前阀
VD609	FV144 前阀	VD704	V161 低压氮气充气阀	VD731	泵 P160B 后阀

四、操作说明

双塔精馏单元总貌图、仿DCS图和仿现场图分别如图3-60～图3-64。

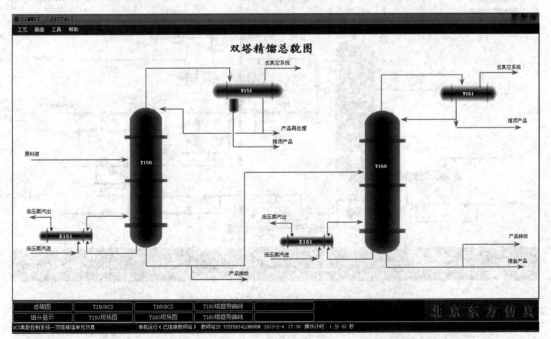

图3-60 双塔精馏单元总貌图

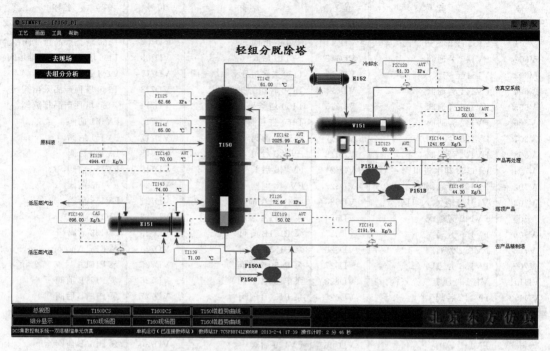

图 3-61 双塔精馏单元 T150 仿 DCS 图

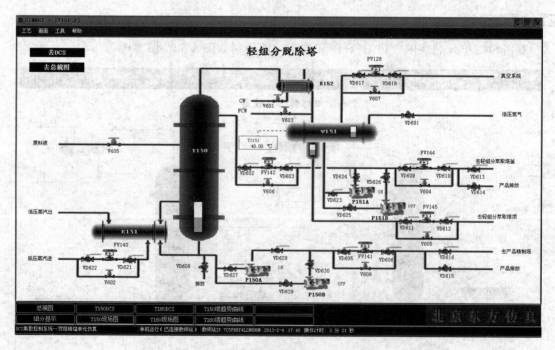

图 3-62 双塔精馏单元 T150 仿现场图

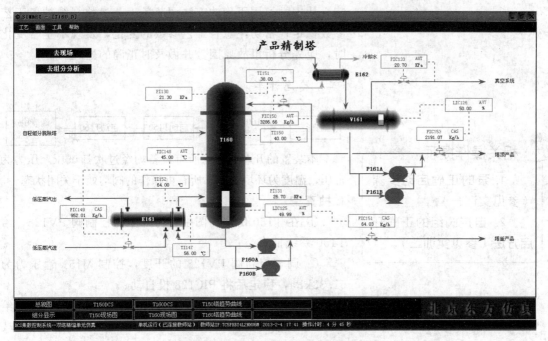

图 3-63 双塔精馏单元 T160 仿 DCS 图

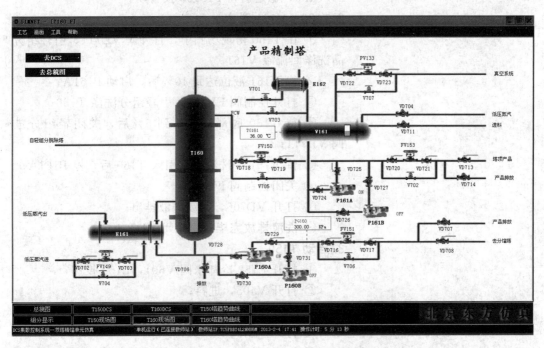

图 3-64 双塔精馏单元 T160 仿现场图

相关操作提示

维持系统压力和温度稳定是平稳操作的关键。

（一）正常运行

熟悉工艺流程和各工艺参数（相关工艺参数见表 3-64 和表 3-65），尝试调节各阀门，观察其对各工艺参数的影响,从中学习用正确的方法调节各工艺参数,维护各工艺参数稳定;密切注意各工艺参数的变化,发现不正常变化时,应先分析事故原因,并做及时正确的处理。

(二)冷态开车

本装置的开车状态为所有设备均经过吹扫试压,压力为常压,温度为环境温度,所有可操作的阀均处于关闭状态。

1. 抽真空

① 在T150仿现场图中,打开压力控制阀PV128,给T150系统抽真空;

② 调节控制阀PV128的开度,控制V151罐压力为61.33kPa,稳定后将PIC128投自动;

③ 在T160仿现场图中,打开压力控制阀PV133,给T160系统抽真空;

④ 调节控制阀PV133的开度,控制V161罐压力为20.7kPa,稳定后将PIC133投自动。

2. T160、V161脱水

① 在T160仿现场图中,打开阀VD711,引轻组分产品洗涤回流罐V161;

② 待V161液位达到10%后,启动P161A;

③ 打开控制阀FV150,引轻组分洗涤T160;

④ 待T160底部液位达到5%后,关闭轻组分进料阀VD711;

⑤ 待V161中洗液全部引入T160后,停P161A;

⑥ 关闭控制阀FV150;

⑦ 打开VD706,将废洗液排出;

⑧ 洗液排放完毕后,关闭VD706。

3. 启动T150

① 打开E152冷却水阀V601,E152投用;

② 打开V405,进料;

③ 当T150底部液位达到25%后,启动P150A;

④ 打开控制阀FV141;

⑤ 打开阀门VD615,将T150底部物料排放至不合格罐,控制好塔液位;

⑥ 打开控制阀FV140,给E151引蒸汽;

⑦ 待V151液位达到25%后,启动P151A;

⑧ 打开控制阀FV142,给T150打回流;

⑨ 打开控制阀FV144和阀VD614,将部分物料排至

相关操作提示

1. 泵的正确启动步骤(参见实训一);

2. 自控阀组的正确开启方法(参见实训二)。

不合格罐；

⑩ 待 V151 水包液位达到 25％后，打开控制阀 FV145 排放；

⑪ 待 T150 操作稳定后，打开阀 VD613，关闭 VD614，将 V151 物料从产品排放改至轻组分萃取塔釜；

⑫ 关闭阀 VD615，打开阀 VD616，将 T150 底部物料由去不合格罐改到去 T160 进料；

⑬ 控制 V151 温度 TG151 为 40℃；

⑭ 控制 T150 塔底温度 TI139 为 71℃。

4. 启动 T160

① 打开 E162 冷却水阀 V701，E162 冷却器投用；

② 待 T160 液位达到 25％后，启动 P160A；

③ 打开控制阀 FV151，同时打开 VD707，将 T160 塔底物料送至不合格罐；

④ 打开控制阀 FV149，向 E161 引蒸汽；

⑤ 待 V161 液位达到 25％后，启动回流泵 P161A；

⑥ 打开塔顶回流控制阀 FV150，打回流；

⑦ 打开控制阀 FV153，同时打开阀 VD714，将 V161 物料送至不合格罐；

⑧ T160 操作稳定后，关闭阀 VD707，同时打开阀 VD708，将 T160 底部物料由至不合格罐改至分馏塔；

⑨ 关闭阀 VD714，同时打开阀 VD713，将合格产品由去不合格罐改至日罐；

⑩ 控制 V161 罐内温度 TG161 为 36℃；

⑪ 控制 T160 塔釜温度 TI147 为 56℃。

5. 调节稳定工艺参数

① T150 塔操作稳定后，FIC142 投自动，设定值为 2026.01kg/h；

② T160 塔操作稳定后，FIC150 投自动，设定值为 3287kg/h；

③ T150 塔灵敏板温度接近 70℃，并稳定后，TIC140 投自动，设定值为 70℃，同时将 FIC140 投串级；

④ 将 LIC121 投自动，设定值为 50％，同时将 FIC144 投串级；

⑤ 将 LIC123 投自动，设定值为 50％，同时将 FIC145 投串级；

⑥ 将 LIC119 投自动，设定值为 50％，同时将 FIC141 投串级；

⑦ 将 LIC126 投自动，设定值为 50％，同时将 FIC153 投串级；

⑧ T160 塔灵敏板温度接近 45℃，且稳定后，TIC148 投自动，设定值为 45℃，同时将 FIC149 投串级；

⑨ 将 LIC125 投自动，设定值为 50％，同时将 FIC151 投串级。

（三）正常停车

1. T150 降负荷

① 逐步调整 T150 进料阀 V405，使进料降至正常进料量的 70％，同时保持灵敏板温度 TIC140 和塔压 PIC128 的稳定性；

② 关闭 VD613，停止塔顶产品采出；

相关操作提示

1. 调节器在非正常操作状态下设为手动；
2. 自控阀组的关闭步骤与开时相反；
3. 停泵的步骤与开泵时相反。

③ 打开 VD614，将塔顶产品排至不合格罐；
④ 手动开大 FV144，使液位 LIC121 降至 20%；
⑤ 手动开大 FV145，使液位 LIC123 降至 20%；
⑥ 手动开大 FV141，使液位 LIC119 降至 30%。

2. T160 降负荷

① 在 T150 仿现场图中，关闭 VD616，停止 T150 塔釜产品采出（即停 T160 进料）；
② 打开 VD615，将 T150 塔釜产品排至不合格罐；
③ 在 T160 仿现场图中，关闭 VD708，停止塔釜产品采出；
④ 打开 VD707，将塔釜产品排至不合格罐；
⑤ 关闭 VD713，停止塔釜产品采出；
⑥ 打开 VD714，将塔顶产品排至不合格罐；
⑦ 手动开大 FV153，使 V161 液位 LIC126 降至 20%；
⑧ 手动开大 FV151，使 T160 塔釜液位 LIC125 降至 30%。

3. 停进料、停再沸器

① 在 T150 仿现场图中，关闭阀 V405，停进料；
② 关闭调节阀 FV140，停 T150 再沸器 E151 加热蒸汽；
③ 在 T160 仿现场图中，关闭调节阀 FV149，停 T160 再沸器 E161 加热蒸汽。

4. 停 T150 回流

① 手动开大 FV142，将回流罐 V151 内液体全部打入精馏塔，降低塔内温度；
② 当回流罐 V151 油相液位 LIC121 降至 0%，关闭调节阀 FV142，停回流；
③ 停泵 P151A。

5. 停 T160 回流

① 手动开大 FV150，将回流罐 V161 内液体全部打入精馏塔，降低塔内温度；
② 当回流罐 V161 液位降至 0%，关闭调节阀 FV150 停回流；
③ 停泵 P161A。

6. 降温

① 当 T150 塔顶冷凝罐 V151 水包液位 LIC123 为 0 时，关闭阀 FV145；
② 当 T150 塔釜液位 LIC119 为 0 时，停泵 P150A；
③ 当 T160 塔釜液位 LIC125 为 0 时，停泵 P160A。

7. 系统打破真空

① 手动关闭控制阀 PV128；

② 手动关闭控制阀 PV133；
③ 打开 V151 低压氮气充气阀 VD601，向 V151 充低压氮气；
④ 打开 V161 低压氮气充气阀 VD704，向 V161 充低压氮气；
⑤ 当 T150 系统达到常压状态，关闭阀 VD601 停止充氮；
⑥ 当 T160 系统达到常压状态，关闭阀 VD704 停止充氮。

（四）事故处理（如表 3-67 所示）

表 3-67 事故处理

事故处理名称	主要现象	处理方法
停电	泵停运	紧急停车
冷却水停	T150 和 T160 的塔顶温度、塔顶压力均升高	停车
加热蒸汽停	T150 和 T160 塔釜温度持续下降	停车
T150 或 T160 回流泵故障	T150 或 T160 塔顶回流量减少,塔温上升	启动相应的备用泵
T150 或 T160 塔釜出料调节阀卡	T150 或 T160 塔釜液位上升	打开相应的旁通阀
T160 原料液进料调节阀卡	T160 进料流量减少,塔温度升高	打开旁通阀 V608
T150 或 T160 再沸器加热蒸汽压力过高	T150 或 T160 再沸器加热蒸汽流量增加,塔温度上升	将相应的加热蒸汽进口控制阀设为手动,调小开度
T150 或 T160 回流控制阀卡	T150 或 T160 回流量减少,塔温度升高	打开相应的旁通阀
T150 或 T160 再沸器加热蒸汽压力过低	T150 或 T160 再沸器加热蒸汽流量减少,塔温度下降	将相应的加热蒸汽进口控制阀设为手动,增大开度
仪表风停	控制回路中的控制阀门或全开或全关	关闭控制阀,打开并调节相对应的旁通阀到合适的开度
T150 或 T160 进料压力突然增大	T150 或 T160 的进料流量增加	调小相应进料阀开度
T150 或 T160 回流罐液位超高	T150 或 T160 回流罐液位很高	打开相应的回流备用泵,调节回流管线和塔顶物流采出管线上控制阀的开度

五、思考题

1. 请说明蒸馏、精馏的原理与差别。
2. 请说出精馏段与提馏段、精馏塔与提馏塔的功能区别。
3. 本单元中双塔在流程中的作用有何不同？

 拓展思考

1. 请讨论并说出本单元双塔操作工艺指标的确定依据是什么？
2. 请设计你认为更为平稳的自控系统,并说明理由。

实训十四 吸收解吸

一、工艺流程简介

本培训单元选用 C_6 油分离提纯混合富气中的 C_4 组分，流程分为吸收和解吸两部分，

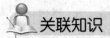

关联知识

1. 吸收解吸的基本知识；
2. 串级控制的基本知识；
3. 换热的基础知识。

每部分都有独立的仿DCS图和仿现场图。

吸收系统：来自系统外的原料气（富气，其中C_4组分占25.13%，CO和CO_2占6.26%，N_2占64.58%，H_2占3.5%，O_2占0.53%）由进料阀V1控制流量从吸收塔T-101底部进入，与自上而下的贫油（C_6油）逆向接触，将原料气中的C_4组分吸收下来，富油（C_4占8.2%，C_6占91.8%）从塔釜排出，经贫富油换热器E-103预热至80℃，进入解吸塔。调节器LIC101和FIC104构成串级控制回路，通过调节塔釜富油采出量来实现对吸收塔塔釜液位的控制。未被吸收的气体由T-101塔顶排出，经吸收塔塔顶盐水冷凝器E-101被-4℃的盐水冷却至2℃后进入尾气分离罐D-102回收冷凝液，被冷凝下来的C_6油和C_4组分经出口阀V7与吸收塔塔釜的富油一起进入解吸塔，不凝气在调节器PIC103控制下排入放空总管，D-102压力控制在1.2MPa。

贫油由C_6油储罐D-101经泵P-101A/B打入吸收塔T-101，贫油流量由调节器FRC103控制（13.5t/h）。C_6油储罐中的贫油在吸收解吸系统中循环（大多数是在开车时由系统外一次供给的，正常运行时只补充少量）。

解吸系统：经预热到80℃的富油进入解吸塔T-102进行解吸分离。解吸分离出的气体（C_4组分占95%）出塔顶，经全冷器E-104换热降温至40℃，全部冷凝进入回流罐D-103，经回流泵P-102A/B抽出，一部分打回流至解吸塔顶部，由FIC106控制回流量为8.0t/h；另一部分作为C_4产品，在液位控制器LIC105控制流量后出系统。解吸塔釜的C_6油（C_6占98.8%）在液位控制器LIC104控制下，经贫富油换热器E-103、循环油盐水冷却器E-102降温至5℃返回至C_6油储罐D-101循环使用。返回D-101的C_6油温度由温度控制器TIC103通过调节E-102冷冻盐水流量来控制。T-102塔釜温度由TIC107和FIC108构成的串级控制回路，通过调节塔釜再沸器E-105的蒸汽流量（3.0t/h）来实现，控制温度为102℃。塔顶压力由调节器PIC104和PIC105共同控制在0.5MPa，PIC104起到一个压力保护控制器的作用，当T-102塔顶压力超高时，它可打开回流罐D-103顶的调节阀PV104放空降压，而PIC105则主要通过调节塔顶冷凝器E-104的冷却水流量来调整塔T-102塔顶压力的。

由于塔顶C_4产品中会含有部分C_6油，及因其他原因会造成C_6油损失，所以随着生产的进行，要定期向罐D-101补充新鲜C_6油。其工艺流程图如图3-65所示。

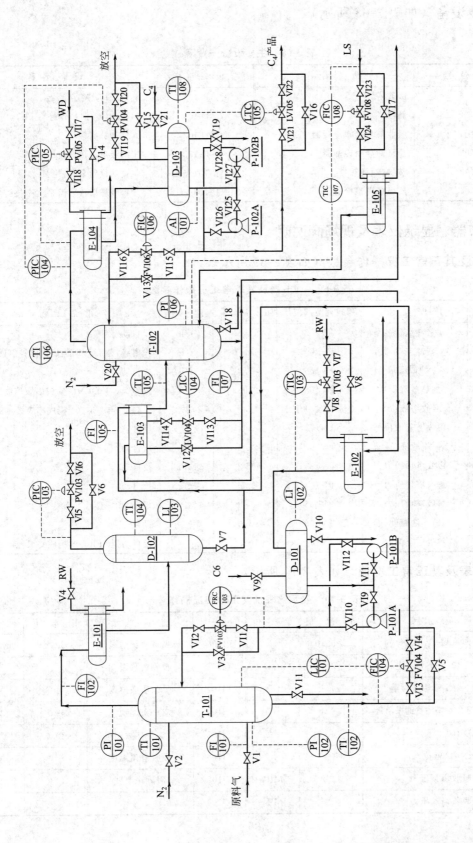

图 3-65 吸收解吸单元带控制点工艺流程图

二、主要设备（如表3-68所示）

表3-68 主要设备一览表

设备位号	设备名称	设备位号	设备名称
T-101	吸收塔	E-105	解吸塔塔釜再沸器
T-102	解吸塔	D-101	贫油(C_6油)储罐
E-101	吸收塔顶盐水冷凝器	D-102	气液分离罐
E-102	循环油盐水冷却器	D-103	解吸塔塔顶回流罐
E-103	贫、富油换热器	P-101A/B	贫油供给泵/备用泵
E-104	解吸塔塔顶冷凝器	P-102A/B	解吸塔塔顶回流泵/备用泵

三、调节器、显示仪表及现场阀说明

1. 调节器及其正常工况操作参数（如表3-69所示）

表3-69 调节器及其正常工况操作参数

位号	被控变量	所控调节阀位号	正常值	单位	正常工况
FRC103	贫油流量	FV103	13.50	t/h	投自动
FIC104	富油流量	FV104	14.70	t/h	投串级，与LC101构成串级控制回路
FIC106	C_4油回流量	FV106	8.0	t/h	投自动
FIC108	加热蒸汽量	FV108	2.963	t/h	投串级，与TIC107构成串级控制回路
LIC101	吸收塔液位	LV101	50	%	投自动，与FIC104构成串级控制回路
LIC104	解吸塔釜液位	LV104	50	%	投自动
LIC105	回流罐液位	LV105	50	%	投自动
PIC103	吸收塔顶压力	PV103	1.2	MPa	投自动
PIC104	解吸塔顶压力	PV104	0.55	MPa	投自动
PIC105	解吸塔顶压力	PV105	0.50	MPa	投自动
TIC103	循环油温度	TV103	5.0	℃	投自动
TIC107	解吸塔釜温度	TV107	102.0	℃	投自动，与FIC108构成串级控制回路

2. 显示仪表及其正常工况值（如表3-70所示）

表3-70 显示仪表及其正常工况操作参数

位号	显示变量	正常值	单位	位号	显示变量	正常值	单位
AI101	回流罐C_4组分	>95.0	%	PI106	解吸塔底压力显示	0.53	MPa
FI101	T-101原料富气进料量	5.0	t/h	TI101	吸收塔顶温度	6	℃
FI105	T-102富油进料量	14.7	t/h	TI102	吸收塔底温度	40	℃
FI107	T-102塔底贫油采出量	13.4	t/h	TI104	D-102温度	2.0	℃
LI102	D-101液位	60	%	TI105	富油预热后温度	80.0	℃
LI103	D-102液位	60	%	TI106	吸收塔顶温度	6.0	℃
PI101	吸收塔顶压力	1.22	MPa	TI108	回流罐温度	40.0	℃
PI102	吸收塔底压力	1.25	MPa				

3. 现场阀说明（如表 3-71 所示）

表 3-71 现场阀

位 号	名 称	位 号	名 称	位 号	名 称
V1	T-101 富气进料阀	V18	T-102 泄液阀	VI14	调节阀 LV104 后阀
V2	T-101 N_2 充压阀	V19	D-103 泄液阀	VI15	调节阀 FV106 前阀
V3	调节阀 FV103 旁通阀	V20	T-102 N_2 充压阀	VI16	调节阀 FV106 后阀
V4	E-101 冷冻盐水阀	V21	D-102 C_4 物料进料阀	VI17	调节阀 PV105 前阀
V5	调节阀 FV104 旁通阀	VI1	调节阀 FV103 前阀	VI18	调节阀 PV105 后阀
V6	调节阀 PV103 旁通阀	VI2	调节阀 FV103 后阀	VI19	调节阀 PV104 前阀
V7	D-102 分液阀	VI3	调节阀 FV104 前阀	VI20	调节阀 PV104 后阀
V8	调节阀 TV103 旁通阀	VI4	调节阀 FV104 后阀	VI21	调节阀 LV105 前阀
V9	D-101 C_6 油进料阀	VI5	调节阀 PV103 前阀	VI22	调节阀 LV105 后阀
V10	D-101 泄液阀	VI6	调节阀 PV103 后阀	VI23	调节阀 FV108 前阀
V11	T-101 泄液阀	VI7	调节阀 TV103 前阀	VI24	调节阀 FV108 后阀
V12	调节阀 LV104 旁通阀	VI8	调节阀 TV103 后阀	VI25	泵 P102A 前阀
V13	调节阀 FV106 旁通阀	VI9	泵 P101A 前阀	VI26	泵 P102A 后阀
V14	调节阀 PV105 旁通阀	VI10	泵 P101A 后阀	VI27	泵 P102B 前阀
V15	调节阀 PV104 旁通阀	VI11	泵 P101B 前阀	VI28	泵 P102B 后阀
V16	调节阀 LV105 旁通阀	VI12	泵 P101B 后阀		
V17	调节阀 FV108 旁通阀	VI13	调节阀 LV104 前阀		

四、操作说明

仿 DCS 图和仿现场图分别如图 3-66～图 3-69 所示。

（一）正常运行

熟悉工艺流程和各工艺参数（相关工艺参数见表 3-69 和表 3-70），尝试调节各阀门，观察其对各工艺参数的影响，从中学习用正确的方法调节各工艺参数，维护各工艺参数稳定；密切注意各工艺参数的变化，发现不正常变化时，应先分析事故原因，并做及时正确的处理。

> **相关操作提示**
>
> 维持系统压力和 T-102 的液位稳定是平稳操作的关键。

（二）冷态开车

1. 开车前的准备

确认本装置处于常温、常压氮吹扫完毕后的氮封状态，所有阀门、机泵处于关停状态，所有调节器置为手动，调节阀和现场阀处于关闭状态（软件中已省略，但实际工作中应完成相关准备）。

2. 充压

① 打开吸收塔 T-101 的 N_2 充压阀 V2，给吸收系统充压至塔顶压力 PI101 为 1.0MPa 左右时，关闭 V2；

② 打开解吸塔 T-102 的 N_2 充压阀 V20，给解吸系统

> **相关操作提示**
>
> 1. 离心泵的正确启动步骤（参见实训一）；
> 2. 自控阀组的正确开启方法（参见实训二）；
> 3. 自动控制器手控与自控的正确切换方法；
> 4. 串级控制回路的投用方法（参见实训二）。

充压至塔顶压力 PIC104 为 0.5MPa 左右时,关闭 V20。

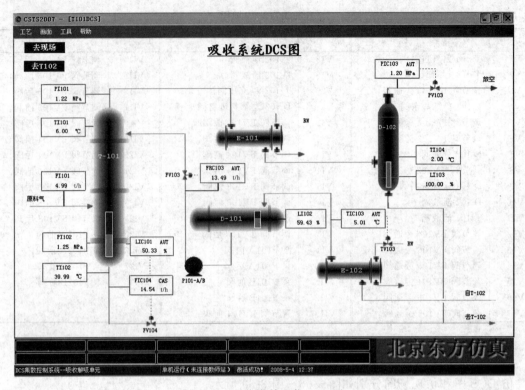

图 3-66　吸收塔单元仿 DCS 图

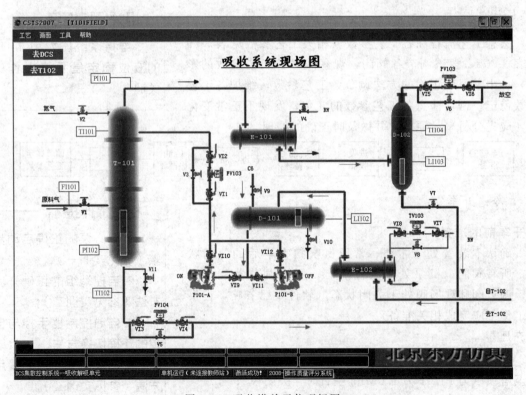

图 3-67　吸收塔单元仿现场图

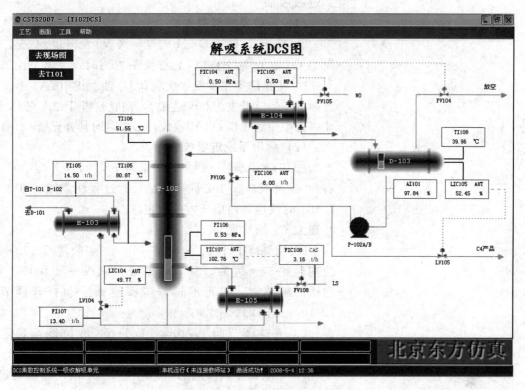

图 3-68　解吸塔单元仿 DCS 图

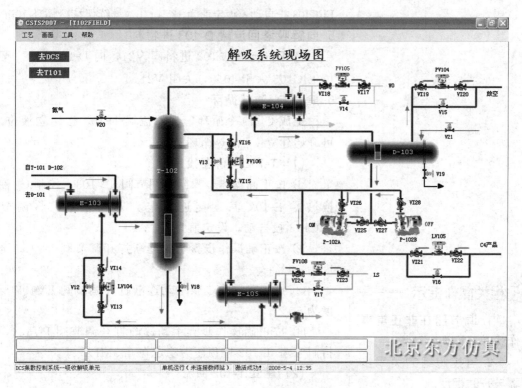

图 3-69　解吸塔单元仿现场图

3. 进吸收油

(1) 吸收系统进吸收油

① 打开 C_6 储罐 D-101 的进料阀 V9 至开度 50% 左右，向 D-101 充 C_6 油至液位 LI102 大于 70% 时，关闭 V9；

② 按正确操作步骤依次启动 C_6 油泵 P-101A、打开调节阀 FV103（开度为 30% 左右），向吸收塔 T-101 充 C_6 油；此过程中注意观察 D-101 液位，必要时向其补充新 C_6 油。

(2) 解吸系统进吸收油

按正确步骤手动打开调节阀 FV104（开度 50% 左右），给解吸塔 T-102 进吸收油；此过程注意维持 T-101、D-101 的液位和两塔压力的稳定。

4. 建立 C_6 油冷循环

① 当储罐 D-101、吸收塔 T-101、解吸塔 T-102 的液位均达到 50% 左右，且吸收系统与解吸系统保持稳定、合适的压差时，按正确操作步骤逐渐手动打开调节阀 LV104，向 D-101 倒油；

② 调整调节阀 LV104，使 T-102 液位逐渐稳定在 50% 后，将调节器 LIC104 投自动，设定值为 50%；

③ 手动调整调节阀 LV103，使 T-101 液位逐渐稳定在 50% 后，将调节器 LIC101 投自动，设定值为 50%，同时，使 C_6 油进塔 T-101 的流量 FRC103 稳定到正常值后，将调节器 FRC103 投自动，设定值为 13.50t/h，继续保持冷循环 10min。

5. 向解吸塔回流罐 D-103 进物料

打开回流罐 D-103 进料阀 V21，向 D-103 灌 C_4 至液位 LIC105 大于 40%，关闭 V21。

6. 建立 C_6 油热循环

完成 C_6 油冷循环，且回流罐 D-103 已建立液位后，可开始建立 C_6 油热循环。

(1) T-102 再沸器投用

① 按正确操作步骤微开调节阀 TV103，控制 C_6 油出换热器 E-102 温度接近稳定到正常值后，将调节器 TIC103 投自动，设定值为 5℃；

② 按正确操作步骤手动逐渐打开调节阀 PV105 至开度为 70%；

③ 按正确操作步骤手动逐渐打开调节阀 FV108 至开度 50%；

④ 按正确操作步骤手动逐渐打开调节阀 PV104，维持解吸塔 T-102 塔顶压力稳定在 0.5MPa。

(2) 建立 T-102 回流

① 随着 T-102 塔釜温度 TIC107 逐渐升高，C_6 油开

相关操作提示

1. 调节器在非正常操作状态下设为手动；

2. 自控阀组的关闭步骤与开时相反。

始汽化，并在 E-104 中冷凝至回流罐 D-103，当塔顶温度 TI106 大于 45℃时，按正确操作步骤启动回流泵 P-102A、打开调节阀 FV106，逐渐控制 T-102 塔顶温度 TI106 在 51~55℃；

② 当 T-102 塔釜温度 TIC107 稳定到 102℃时，将调节器 TIC107 和 FIC108 投自动，设定值分别为 102℃和 3t/h；并将调节器 FIC108 投串级，使其与调节器 TIC107 构成串级控制回路调节 T-102 塔釜温度；

③ 保持热循环 10min。

7. 进富气

① 完成 C_6 油热循环，且确认系统各工艺指标稳定正常后，打开吸收塔顶盐水冷凝器 E-101 进水阀 V4，启用冷凝器 E-101；

② 逐渐打开吸收塔 T-101 富气进料阀 V1，开始富气进料；

③ 随着 T-101 富气进料，塔压升高，手动控制调节阀 PV103，使塔顶压力 PIC103 稳恒定在 1.2MPa，当富气进料达到正常值后，将调节器 PIC103 投自动，设定为 1.2MPa；

④ 与此同时，解吸塔 T-102 塔压也将逐渐升高，手动控制调节阀 PV105，维持 T-102 塔顶压力 PIC105 稳定在正常值后，将调节器 PIC105 投自动，设定值为 0.5，同时，将调节器 PIC104 投自动，设定为 0.55MPa；

⑤ 当 T-102 温度、压力控制稳定后，手动调整调节阀 FV106 使回流量 FIC106 稳定到正常值后，将调节器 FIC106 投自动，设定值为 8.0t/h；

⑥ 当回流罐 D-103 液位 LIC105 高于 50%时，按正确操作步骤打开调节阀 LV105 调整液位稳定在 50%后，将调节器 LIC105 投自动。

8. 调节稳定工艺参数

继续将所有操作指标控制在正常状态。

（三）正常停车

1. 停富气、停 C_4 产品采出

① 关富气进料阀 V1，停富气进料；

② 按正确操作步骤关闭调节阀 LV105，停 C_4 产品采出；

③ 停富气后，吸收塔 T-101 塔压会降低，手动控制调节阀 PV103，维持 T-101 塔顶压力 PIC103 大于 1.0MPa，同时，手动控制调节阀 PV104，维持解吸塔 T-102 塔顶压力 PIC104 在 0.2MPa 左右；

④ 继续维持 C_6 油在吸收塔 T-101、解吸塔 T-102 和 C_6 油储罐 D-101 之间的热循环。

2. 停用吸收系统

（1）停 C_6 油进料

按正确操作步骤依次停 C_6 油供给泵 P-101A/B、关调节阀 FV103，停止对吸收塔 T-101 进油；同时，适当打开 C_6 油储罐 D-101 泄液阀 V10，控制 D-101 液位的下降速度。

注意：保持塔 T-101 的压力 PI101 不小于 1.1MPa、塔 T-102 的压力 PIC104 不小于 0.2MPa，压力低时可用 N_2 充压，否则 T-101 塔釜的 C_6 油无法排出。

（2）吸收系统泄油

① 手动控制调节阀 FV104 的开度为 50%，向解吸塔继续泄油，当吸收塔 T-101 液位

LIC101 降至 0 时，按正确操作步骤关闭调节阀 FV104；

② 开吸收系统气液分离罐 D-102 出料阀 V7，将 D-102 中的冷凝液排至解吸塔 T-102；当其中的冷凝液排完后，关 V7；

③ 关吸收塔顶冷凝器 E-101 冷冻盐水进水阀 V4，停 E-101。

(3) 吸收系统泄压

手动控制调节阀 PV103，将吸收塔 T-101 泄至常压后，按正确操作步骤关闭调节阀 PV103。

3. 停解吸系统

(1) 停再沸器 E-105、降温

按正确操作步骤关闭蒸汽调节阀 FV108，停再沸器 E-105，降低解吸系统的温度；同时，手动控制调节阀 PV104 和 PV105，保持解吸塔 T-102 塔顶压力 PIC104 不小于 0.2MPa。

(2) 停解吸塔 T-102 回流

当回流罐 D-103 的液位 LIC103 小于 10% 时，按正确操作步骤依次停回流泵 P-102A/B、关调节阀 FV106，停解吸塔回流。

(3) 解吸系统泄油

① 继续保持解吸塔 T-102 塔顶压力 PIC104 不低于 0.2MPa；

② 打开回流罐 D-103 泄液阀 V19（开度大于 10%），当其液位 LIC103 为 0 时，关闭 V19；

③ 手动控制调节阀 LV104 的开度不小于 50%，将解吸塔 T-102 中的油倒入 C_6 油储罐 D-101；

④ 当解吸塔 T-102 的液位 LIC104 小于 10% 时，按正确操作步骤关闭调节阀 LV104；

⑤ 按正确操作步骤关闭调节阀 TV103，停循环油冷却器 E-102；

⑥ 打开解吸塔 T-102 泄液阀 V18（开度大于 10%）至其液位 LIC104 为 0 时，关闭 V18。

(4) 解吸塔 T-102 泄压

手动打开调节阀 PV104（开度为 50%），对解吸系统泄压至常压（PIC104、PIC105 为 0）后，按正确操作步骤关闭调节阀 PV104。

4. C_6 油储罐 D-101 泄液

继续开大 C_6 油储罐 D-101 的泄液阀 V10，当其液位为 0 时，关闭 V10；根据工程需要可安排氮气吹扫、蒸汽吹扫，最后完成停车操作。

(四) 事故处理（如表 3-72 所示）

表 3-72 事故处理

事故处理名称	主 要 现 象	处 理 方 法
冷却水中断	① 解吸塔顶温度和压力持续升高； ② 解吸塔顶冷凝器冷却水入口阀 PV105 开度持续加大	通知调度并做以下操作： ① 手动打开调节阀 PV104，保压； ② 手动关调节阀 FV108，停用再沸器 E-105； ③ 手动关富气进料阀 V1，停止进料； ④ 手动关闭调节阀 PV105； ⑤ 手动关闭调节阀 PV103，保压； ⑥ 手动关闭调节阀 FV104，停 T-102 进富油； ⑦ 手动关闭调节阀 LV105，停 C_4 出产品； ⑧ 手动关闭调节阀 FV103，停 T-101 贫油进料； ⑨ 手动关闭调节阀 FV106，并停 P-102A/B，停 T-102 回流； ⑩ 手动关闭调节阀 LV104 前后阀，保持液位； ⑪ 故障解除后，按热态开车操作

续表

事故处理名称	主要现象	处理方法
加热蒸汽中断	① 塔釜温度急剧下降； ② 加热蒸汽入口流量为0； ③ 在自动控制状态下加热蒸汽流量调节阀FV108持续开大	通知调度并做以下操作： ① 关V1阀，停止进料； ② 手动关闭调节阀FV106，并停P-102A/B，停T-102回流； ③ 手动关闭调节阀LV105，停D-103产品出料； ④ 手动关闭调节阀FV104，停T-102进料； ⑤ 手动关闭调节阀FV103，并停P-101A/B，保持T-101液位； ⑥ 手动关闭调节阀PV103，保压； ⑦ 手动关闭调节阀LIC104，保持T-102液位； ⑧ 手动关闭调节阀FV108，停用再沸器E-105； ⑨ 手动关闭V4阀和调节阀TV103，PV105，停E-101； ⑩ 故障解除后，按热态开车操作
仪表风中断	各调节阀不可调	通知调度室，并完成如下操作： 打开所有调节阀（FV103、FV104、PV103、TV103、LV104、FV108、FV106、PV104、PV105、LV105）的旁通阀，同时关闭相应的后阀和前阀，并现场调节其开度，维持系统各工艺指标的稳定、正常
停电	T-101的C_6油进料流量FIC103和T-102回流量FIC106均为0，且泵P-101A/B和P-102A/B均停运	通知调度室，得到停车指令后正确完成如下操作： ① 手动开回流罐放空阀PV104，泄压； ② 关富气进料阀V1，停止进料； ③ 手动关小调节阀FV108，维持T-102塔釜温度TIC107为正常值； ④ 手动关闭调节阀FV104和LV104，维持塔T-101和T-102的液位； ⑤ 开C_6油储罐D-101和回流罐D-103的泄液阀V10、V19，维持这两罐的液位在50%左右； ⑥ 恢复供电，并得到调度指令后，按热态开车操作
吸收塔C_6油进料泵P-101A坏	① T-101塔C_6油进料流量FRC103为0； ② 塔顶温度、压力上升	按正常操作启动切换备用泵P-101B
解吸塔贫油出料调节阀LV104阀卡	送换热器E-103的贫油流量不可调	按正确操作步骤切换成旁通阀，调整其开度保持流量的稳定
再沸器E-105结垢严重	① 在自动状态下调节阀FV108的开度持续增加，但加热蒸汽流量FIC108并没有加大； ② 解吸塔釜温度TIC107持续下降，塔顶温度TI106下降，塔釜C_4组分上升	参照加热蒸汽中断事故停车
解吸塔釜加热蒸汽压力高	解吸塔釜温度、塔顶温度和压力升高	手动控制调节阀FV108，维持解吸塔釜的温度
解吸塔釜加热蒸汽压力低	解吸塔釜温度、塔顶温度和压力降低	手动控制调节阀FV108，维持解吸塔釜的温度
解吸塔超压	解吸塔顶压力升高	手动打开调节阀PV104，并手动控制调节阀PV105，维持解吸塔压力为正常值0.5MPa
吸收塔超压	吸收塔塔顶压力升高	手动控制调节阀PV103，维持吸收塔压力为正常值0.5MPa
解吸塔釜温度指示	塔釜温度指示值不变	手动控制调节阀FV108、LV104，分别使塔顶温度稳定为51℃，富油入口温度为80℃，解吸塔内液位维持在50%

五、思考题

1. 试从操作原理和本单元操作特点分析一下吸收段流程压力比解吸段压力高的原因。

2. 从全流程能量合理利用角度分析换热器 E-103 和 E-102 的安排顺序和原因。

3. 本系统在开车、停车过程中引入 N_2 的作用是什么？

4. 若发现富油无法进入解吸塔，会有哪些原因？应如何调整？

5. 正常停车时，若发现吸收塔的富油无法排出，可能是什么原因？如何调整？

6. 若加热蒸汽中断，该如何处理？

7. C_6 油储罐进料阀为一手阀，有必要在此设一调节阀使进料操作自动化吗？为什么？

8. 与同学们交流一下自己控制解吸塔液位有几种方法？哪种最好？

 拓展思考

1. 假如在平稳状态下吸收塔的富气进料温度突然升高，分析会导致什么现象？如果造成系统不稳定，有几种手段将系统调节正常？

2. 你能设计一种可使解吸塔液位稳定的自控系统吗？

实训十五 多效蒸发

一、工艺流程简介

 关联知识

1. 蒸发的原理；
2. 多效蒸发的优点、常见流程及相应蒸发器的结构。

本单元以浓度为 12％的 NaOH 水溶液经三效并流蒸发浓缩至 30％的工艺作为仿真对象，其工艺流程图如图 3-70 所示。

原料液（12％的 NaOH 水溶液）由调节阀 FV101 进入第一效蒸发器 F101A（143.8℃沸点进料、流量为 10000kg/h），经生蒸汽（流量由调节器 FIC102 控制为 2063.4kg/h）加热蒸发，第一次浓缩后从 F101A 底部的液位控制阀 LV101 流入第二效蒸发器 F101B，与 F101A 来的二次蒸汽换热进行第二次浓缩后从 F101B 底部经液位控制阀 LV102 流入第三效蒸发器 F101C，再与 F101B 来的二次蒸汽换热进行第三次浓缩，达到工艺要求的完成液从F101C底部经液位控制阀LV103流入积液罐F102（不满足工艺要求时，则经阀门VG10进卸液罐），再由阀门VG09送下一工序。

F101A、F101B和F101C蒸发室的液位，分别由调节器LIC101、LIC102和LIC103均控制在1.2m，而三效蒸发室的压力则分别稳定在327kPa、163kPa和20kPa。

生蒸汽经F101A加热室壳程冷凝成水后由阀门VG08排出。F101A蒸发室的二次蒸汽，经F101A顶部阀门VG13进入第二效蒸发器F101B加热室的壳程，冷凝成水后经阀门VG07排出。F101B蒸发室的二次蒸汽，经F101B顶部阀门VG14进入第三效蒸发器F101C蒸发室的壳程，冷凝成水后经阀门VG06排出。F101C蒸发室的二次蒸汽，经过顶部阀门VG15进入冷凝器E101，冷凝后由阀门VG12排出；其中的不凝气经阀门VG11由真空泵抽出，同时保持蒸发装置的各效压差稳定。

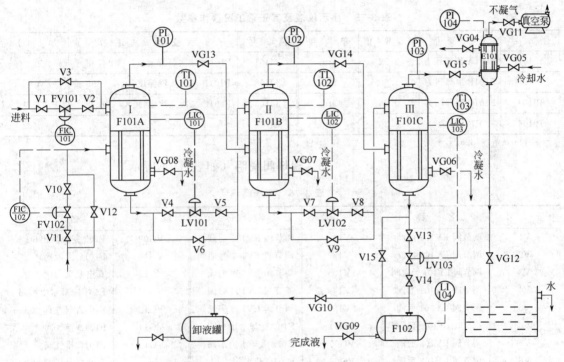

图3-70 真空系统单元带控制点工艺流程图

二、主要设备（如表3-73所示）

表3-73 主要设备一览表

设备位号	设备名称	设备位号	设备名称
F101A	第一效蒸发器	E101	冷凝器
F101B	第二效蒸发器		
F101C	第三效蒸发器		
F102	积液罐		

三、调节器、显示仪表及现场阀说明

1. 调节器及其正常工况操作参数（如表3-74所示）

表3-74　调节器及其正常工况操作参数

位　号	被控变量	所控调节阀位号	正常值	单　位	正常工况
FIC101	原料液流量控制	FV101	10000	kg/h	自动
FIC102	生蒸汽流量控制	FV102	2063.4	kg/h	自动
LIC101	F101A 液位控制	LV101	1.2	m	自动
LIC102	F101B 液位控制	LV102	1.2	m	自动
LIC103	F101C 液位控制	LV103	1.2	m	自动

2. 显示仪表及其正常工况值（如表3-75所示）

表3-75　显示仪表及其正常工况操作参数

位　号	显示变量	正常值	单　位	位　号	显示变量	正常值	单　位
PI101	F101A 顶部压力	3.22	atm	TI101	F101A 二次蒸汽温度	143.8	℃
PI102	F101B 顶部压力	1.60	atm	TI102	F101B 二次蒸汽温度	124.5	℃
PI103	F101C 顶部压力	0.25	atm	TI103	F101C 二次蒸汽温度	86.8	℃
PI104	E101 压力	0.20	atm	LI104	F102 液位	≤50	%

注：1atm=101325Pa，下同。

3. 现场阀说明（如表3-76所示）

表3-76　现场阀

位　号	名　　称	位　号	名　　称	位　号	名　　称
V1	调节阀 FV101 前阀	V11	调节阀 FV102 前阀	VG09	F102 完成液出口阀
V2	调节阀 FV101 后阀	V12	调节阀 FV102 旁通阀	VG10	F101C 泄液阀
V3	调节阀 FV101 旁通阀	V13	调节阀 LV103 前阀	VG11	真空泵泵前阀
V4	调节阀 LV101 前阀	V14	调节阀 LV103 后阀	VG12	E101 冷凝水出水阀
V5	调节阀 LV101 后阀	V15	调节阀 LV103 旁通阀	VG13	F101A 排气阀
V6	调节阀 LV101 旁通阀	VG04	E101 冷却水出水阀	VG14	F101B 排气阀
V7	调节阀 LV102 前阀	VG05	E101 冷却水进水阀	VG15	F101C 排气阀
V8	调节阀 LV102 后阀	VG06	F101C 疏水阀	A	真空泵 A 启动开关
V9	调节阀 LV102 旁通阀	VG07	F101B 疏水阀	B	真空泵 B 启动开关
V10	调节阀 FV102 后阀	VG08	F101A 疏水阀		

四、操作说明

仿 DCS 图、仿现场图和仿组分分析图分别如图3-71、图3-72、图3-73所示。

（一）正常运行

熟悉工艺流程和各工艺参数（相关工艺参数见表3-74和表3-75），尝试调节各阀门，观察其对各工艺参数的影响，从中学习用正确的方法调节各工艺参数，维护各工艺

相关操作提示

维持系统压力和冷、热物料流量稳定是平稳操作的关键。

参数稳定;密切注意各工艺参数的变化,发现不正常变化时,应先分析事故原因,并做及时正确的处理。

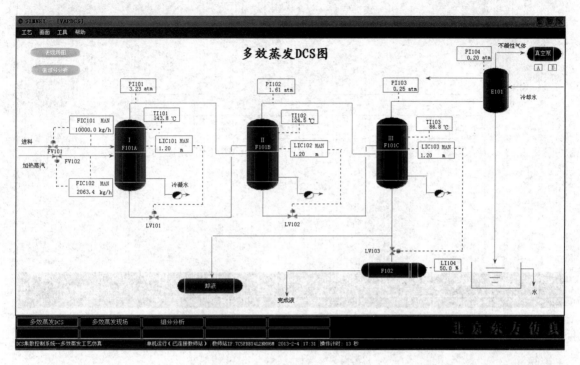

图 3-71　多效蒸发单元仿 DCS 图

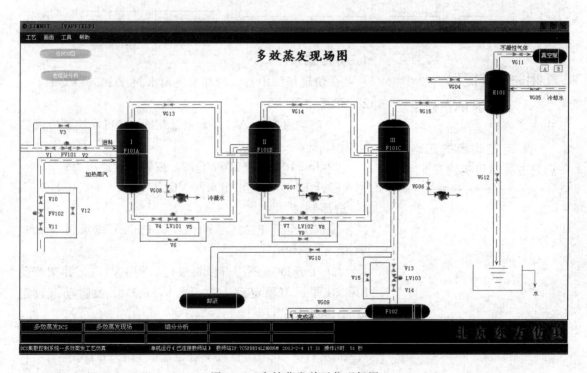

图 3-72　多效蒸发单元仿现场图

图 3-73 多效蒸发单元仿组分分析图

(二)冷态开车

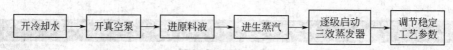

> **相关操作提示**
> 1. 真空泵的正确启动步骤(参见实训四);
> 2. 自控阀组的正确开启方法(参见实训二)。

1. **开冷却水**

在仿现场图中打开冷却水进出水阀 VG05、VG04。

2. **开真空泵**

① 启动真空泵 A,开真空泵前阀 VG11,控制冷凝器 E101 压力;

② 开 F101C 排气阀 VG15,控制蒸发器压力;

③ 开 E101 冷凝水出水阀 VG12;

3. **进原料液**

① 依次全开 F101C、F101B 和 F101A 疏水阀 VG06、VG07 和 VG08;

② 在仿 DCS 图中开原料液进口阀 FV101,并调节使 FIC101 指示值稳定到 10000kg/h,FV101 投自动(设定值为 10000kg/h);

③ 开 F101A 液位调节阀 LV101,调整 F101A 液位在 1.2m 左右,LIC101 投自动(设定值为 1.2m);

④ 当 F101A 压力大于 1atm 时,开 F101A 排气阀 VG13;

⑤ 开 F101B 液位调节阀 LV102,调整 F101B 液位在

1.2m 左右，LIC102 投自动（设定值为 1.2m）；

⑥ 当 F101B 压力大于 1atm 时，开 F101B 排气阀 VG14；

⑦ 调整 F101C 泄液阀 VG10 开度，使 F101C 料液保持在 1.2m 左右；

> 相关操作提示
>
> 1. 调节器在非正常操作状态下设为手动；
> 2. 自控阀组的关闭步骤与开时相反。

4. 进生蒸汽

① 打开生蒸汽进料阀 FV102，使 FIC102 指示值稳定到 2063.4 kg/h，FV102 投自动（设定值为 2063.4kg/h）；

② 调节阀门 VG13 开度，逐渐稳定 F101A 压力为 3.22atm，温度为 143.8℃；

③ 调节阀门 VG14 开度，逐渐稳定 F101B 压力为 1.60atm，温度为 124.5℃；

④ 调节阀门 VG15 开度，逐渐稳定 F101C 压力为 0.25atm，温度为 86.8℃。

5. 调节稳定工艺参数

① 待 F101C 的浓度接近 0.30 时，关闭阀门 VG10；

② 打开 LV103 并控制 F101C 液位接近 1.2m 后，投自动；

③ 继续将所有操作指标控制稳定在正常状态。

（三）正常停车

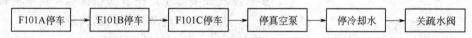

F101A停车 → F101B停车 → F101C停车 → 停真空泵 → 停冷却水 → 关疏水阀

1. F101A 停车

① 关闭 LV103，打开并调节泄液阀 VG10，使 F101C 液位保持一定；

② 关闭 FV102，停生蒸汽进料；

③ 关闭 FV101，停原料液进料；

④ 全开排气阀 VG13；

⑤ 调整 LV101 的开度，使 F101A 的液位接近 0；

⑥ 当 F101A 中压力接近 1atm 时，关闭阀门 VG13；

⑦ 关闭阀门 LV101。

2. F101B 停车

① 调整 VG14 开度，当 F101B 中压力接近 1atm 时，关闭阀门 VG14；

② 调整 LV102 开度，使 F101B 液位为 0 时，关闭阀门 LV102。

3. F101C 停车

逐渐开大 VG10 泄液，当 F101C 液位为 0 时，关闭阀门 VG10 和 VG15。

4. 停真空泵

停真空泵 A 后，关闭泵前阀 VG11。

5. 停冷却水

① 关闭 E101 冷却水的后阀、前阀：VG05 和 VG04；
② 关闭冷凝水阀 VG12。

6. 关疏水阀

关闭疏水阀 VG08、VG07 和 VG06。

（四）事故处理（如表 3-77 所示）

表 3-77 事故处理

事故处理名称	主要现象	处理方法
冷物流进料调节阀卡	进料量减少，蒸发器液位下降，温度降低，压力减小	打开原料液进料阀 FV101 旁路阀 V3，保持进料量至正常值。关 FV101 及其前后手阀
F101A 液位超高	F101A 液位 LIC101 超高，蒸发器压力升高、温度增加	调整 LV101 开度，使 F101A 液位稳定在 1.2m
真空泵 A 故障	画面真空泵 A 显示为开，但冷凝器 E101 和末效蒸发器 F101C 压力急剧上升	启动备用真空泵 B

五、思考题

1. 蒸发的原理是什么？哪些情况下可以用蒸发？
2. 多效蒸发在实际生产中有哪些优点？请举例说出两种常见流程，并画出相应蒸发器的结构示意图。
3. 真空泵在本流程中的作用是什么？

拓展思考

1. 原料液经三次浓缩成为完成液，但本流程中没有液体输送设备，原因是什么？
2. 在各种多效蒸发流程中哪一种的蒸发效率更高？为何实际生产中会多种流程并存？
3. 如何确定蒸发器加热室和蒸发室的结构、大小？对于一个多效蒸发器流程，各蒸发器的结构、尺寸一定是一样吗？

关联知识

1. 液位控制基本知识；
2. 分程控制阀基本知识；
3. 换热基础知识。

实训十六　间歇反应釜

一、工艺流程简介

1. 工艺说明

间歇反应在助剂、制药、染料等行业的生产过程中很常见。本工艺过程的产品（2-巯基苯并噻唑）就是橡胶制品硫化促进剂 DM(2,2-二硫代苯并噻唑) 的中间产品，它本身也是硫化促进剂，但活性不如 DM。

全流程的缩合反应包括备料工序和缩合工序。考虑到突出重点，将备料工序略去。则缩合工序共有三种原料，多硫化钠（Na_2S_n）、邻硝基氯苯（$C_6H_4ClNO_2$）及二硫化碳（CS_2）。

主反应如下：

$$2C_6H_4ClNO_2 + Na_2S_n \longrightarrow C_{12}H_8N_2S_2O_4 + NaCl + (n-2)S\downarrow$$

$$C_{12}H_8N_2S_2O_4 + 2CS_2 + 2H_2O + 3Na_2S_n \longrightarrow$$
$$2C_7H_4NS_2Na + 2H_2S\uparrow + 2Na_2S_2O_3 + (3n-4)S\downarrow$$

副反应如下：

$$C_6H_4ClNO_2 + Na_2S_n + H_2O \longrightarrow C_6H_6NCl + Na_2S_2O_3 + (n-2)S\downarrow$$

2. 工艺流程

来自备料工序的 CS_2、$C_6H_4ClNO_2$、Na_2S_n 分别注入计量罐 VX01、VX02 及沉淀罐 VX03 中，经计量沉淀后利用位差及离心泵 PUMP1 送入反应釜 RX01 中，釜温由夹套中的蒸汽、冷却水及釜内蛇管中冷却水控制（其中夹套和蛇管中的冷却水流量由调节阀 V23、V22 通过调节器 TIC101 分程控，两调节阀的分程动作如图 3-74 所示）。通过控制反应釜温度来控制反应速度及副反应速度，获得较高的收率及确保反应过程安全。

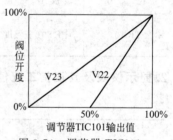

图 3-74 调节器 TIC101 分程动作示意图

在本工艺流程中，主反应的活化能要比副反应的活化能要高，因此升温后更利于反应收率。在 90℃ 的时候，主反应和副反应的速度比较接近，因此，要尽量延长反应温度在 90℃ 以上时的时间，以获得更多的主反应产物。间歇反应釜单元工艺流程图如图 3-75 所示。

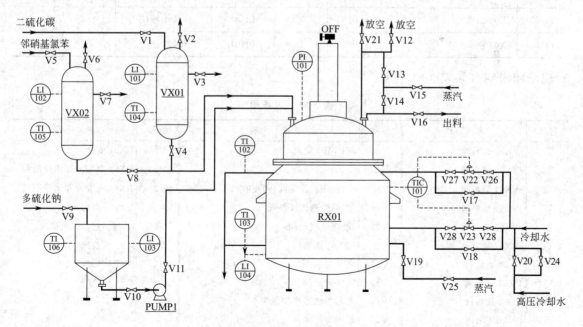

图 3-75 间歇反应釜单元带控制点工艺流程图

二、主要设备（如表 3-78 所示）

表 3-78　主要设备一览表

设备位号	设备名称	设备位号	设备名称
RX01	间歇反应釜	VX03	Na_2S_n 沉淀罐
VX01	CS_2 计量罐	PUMP1	离心泵
VX02	$C_6H_4ClNO_2$ 计量罐		

三、调节器、显示仪表及现场阀说明

1. 调节器及其正常工况操作参数（如表 3-79 所示）

表 3-79　调节器及其正常工况操作参数

位号	被控变量	所控调节阀位号	正常值	单位	正常工况
TIC101	RX01 釜温度	V22 V23	155	℃	手动

2. 显示仪表及其正常工况值（如表 3-80 所示）

表 3-80　显示仪表及其正常工况操作参数

位号	显示变量	正常值	单位	位号	显示变量	正常值	单位
TI102	RX01 夹套冷却水出口温度	25	℃	LI101	VX01 液位	0	m
TI103	RX01 蛇管冷却水出口温度	25	℃	LI102	VX02 液位	0	m
TI104	VX01 温度	29	℃	LI103	VX03 液位	0.08	m
TI105	VX02 温度	40	℃	LI104	RX01 液位	2.3	m
TI106	VX03 温度	40	℃	PI101	RX01 压力	0	atm

3. 现场阀说明（如表 3-81 所示）

表 3-81　现场阀

位号	名称	位号	名称	位号	名称
V1	VX01 进料阀	V11	PUMP1 后阀	V21	RX01 安全阀
V2	VX01 放空阀	V12	RX01 放空阀	V22	RX01 高压冷却水控制阀
V3	VX01 溢流阀	V13	增压蒸汽控制阀(停车吹扫)	V23	RX01 夹套冷却水控制阀
V4	VX01 出料阀	V14	出料管蒸汽预热阀	V24	V20 的电磁阀
V5	VX02 进料阀	V15	增压蒸汽总阀	V25	夹套加热蒸汽电磁阀
V6	VX02 放空阀	V16	RX01 出料阀	V26	V22 的前阀
V7	VX02 溢流阀	V17	V22 旁通阀	V27	V22 的后阀
V8	VX02 出料阀	V18	V23 旁通阀	V28	V23 的前阀
V9	VX03 进料阀	V19	夹套加热蒸汽控制阀	V29	V23 的后阀
V10	PUMP1 前阀	V20	高压冷却水阀		

4. 仪表及报警一览表（如表 3-82 所示）

表 3-82　仪表及报警一览表

位号	说明	类型	正常值	量程高限	量程低限	工程单位	高报	低报
TIC101	反应釜温度控制	PID	115	500	0	℃	128	25
TI102	反应釜夹套冷却水温度	AI		100	0	℃	80	60
TI103	反应釜蛇管冷却水温度	AI		100	0	℃	80	60
TI104	CS_2 计量罐温度	AI		100	0	℃	80	20
TI105	邻硝基氯苯罐温度	AI		100	0	℃	80	20
TI106	多硫化钠沉淀罐温度	AI		100	0	℃	80	20
LI101	CS_2 计量罐液位	AI		1.75	0	m	1.4	0
LI102	邻硝基氯苯罐液位	AI		1.5	0	m	1.2	0
LI103	多硫化钠沉淀罐液位	AI		4	0	m	3.6	0.1
LI104	反应釜液位	AI		3.15	0	m	2.7	0
PI101	反应釜压力	AI		20	0	atm	8	0

四、操作说明

装置开工状态为各计量罐、反应釜、沉淀罐处于常温、常压状态，各种物料均已备好，大部分阀门、机泵处于关停状态（除蒸汽联锁阀外）。

仿 DCS 图如图 3-76 所示，仿现场图如图 3-77 所示。

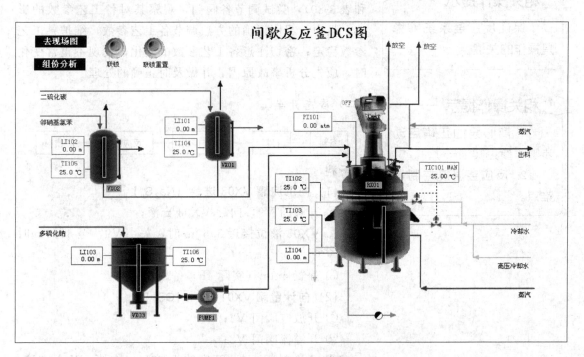

图 3-76　间歇反应单元仿 DCS 图

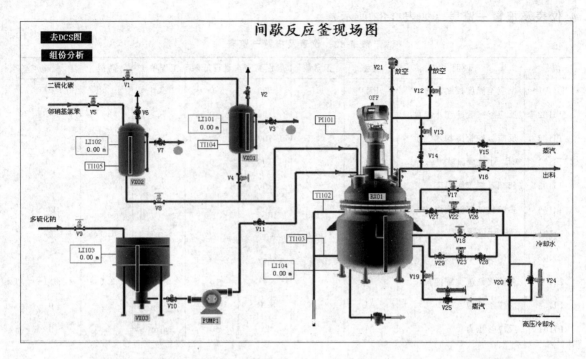

图 3-77　间歇反应单元仿现场图

（一）正常运行

熟悉工艺流程和各工艺参数（相关工艺参数见表 3-79 和表 3-80），尝试调节各阀门，观察其对各工艺参数的影响，从中学习用正确的方法调节各工艺参数，维护各工艺参数稳定；密切注意各工艺参数的变化，发现不正常变化时，应先分析事故原因，并做及时正确的处理。

相关操作提示

保证反应釜系统平稳是操作的关键。

相关操作提示

1. 离心泵的正确启动步骤（参见实训一）；
2. 反应釜温度控制是难点。

（二）冷态开车

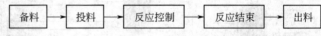

备料 → 投料 → 反应控制 → 反应结束 → 出料

1. 备料

(1) 向沉淀罐 VX03 进料（Na_2S_n）

① 开阀门 V9，向罐 VX03 充液；

② VX03 液位接近 3.60m 时，关小 V9，至 3.60m 时关闭 V9；

③ 静置 4min（实际 4h）备用。

(2) 向计量罐 VX01 进料（CS_2）

① 开放空阀门 V2；

② 开溢流阀门 V3；

③ 开进料阀 V1，开度约为 50%，向罐 VX01 充液。液位接近 1.4m 时，可关小 V1；

④ 溢流标志变绿后,迅速关闭 V1;
⑤ 待溢流标志再度变红后,可关闭溢流阀 V3。

(3) **向计量罐 VX02 进料（$C_6H_4ClNO_2$）**
① 开放空阀门 V6;
② 开溢流阀门 V7;
③ 开进料阀 V5,开度约为 50%,向罐 VX01 充液,液位接近 1.2m 时,可关小 V5;
④ 溢流标志变绿后,迅速关闭 V5;
⑤ 待溢流标志再度变红后,可关闭溢流阀 V7。

2. 投料
① 微开放空阀 V12,准备进料。
② 从 VX03 中向反应器 RX01 进料（Na_2S_n）。
- 按正确操作步骤启动进料泵 PUMP1,向 RX01 中进料;
- 至 VX03 液位小于 0.1m 时停止进料;
- 关泵 PUM1。

③ 从 VX01 中向反应器 RX01 中进料（CS_2）。
- 确认放空阀 V2 开;
- 打开进料阀 V4 向 RX01 中进料;
- 待进料完毕后关闭 V4。

④ 从 VX02 中向反应器 RX01 中进料（$C_6H_4ClNO_2$）。
- 确认放空阀 V6 开;
- 打开进料阀 V8 向 RX01 中进料;
- 待进料完毕后关闭 V8。

⑤ 关闭 RX01 放空阀 V12。

3. 反应初始阶段
① 依次打开阀门 V26、V27、V28、V29,确认 V12、V4、V8、V11 已关闭,打开联锁 LOCK;
② 开启反应釜搅拌电机 M1;
③ 适当打开夹套加热蒸汽控制阀 V19,观察反应釜内温度和压力上升情况,保持适当的升温速度;
④ 控制反应温度直至反应结束。

4. 反应过程控制
① 当釜温升至 55~65℃左右关闭 V19,停止通蒸汽加热;
② 当釜温大于 75℃时,打开 TIC101 略大于 50%,通冷却水;
③ 当釜温升至 110℃以上时,是反应剧烈的阶段,应小心加以控制,防止超温,当温度难以控制时,打开高压冷却水阀 V20,并可关闭搅拌器 M1 以使反应降速,当压力过高时,可微开 RX01 放空阀 V12 以降低气压(注意放空会使 CS_2 损失,且污染大气);
④ 反应温度大于 128℃时,相当于 RX01 压力 PI101 超过 8atm,已处于事故状态,如联锁开关处于"ON"的状态,联锁启动(开高压冷却水电磁阀 V24,关搅拌器 M1,关夹套加热蒸汽电磁阀 V25);
⑤ RX01 压力超过 15atm(相当于釜温大于 160℃),反应釜安全阀 V21 作用。

5. 反应结束

当邻硝基氯苯浓度小于 0.1mol/L 时反应结束，关闭搅拌器 M1。

6. 出料

① 开放空阀 V12，放可燃气；
② 开 V12 阀 5~10s 后关 V12；
③ 打开 V15、V13，通增压蒸汽；
④ 开蒸汽预热阀 V14 片刻后再关闭；
⑤ 当 PI101>4atm 开 V16，出料；
⑥ 出料完毕后，仍需保持蒸汽吹扫 10s 后再关闭 V15。

（三）热态开车

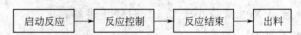

1. 启动反应

① 依次打开阀门 V26、V27、V28、V29；
② 确认 RX01 放空阀 V12 已关闭，并开联锁 LOCK；
③ 开 RX01 搅拌器 M1；
④ 逐渐打开 V19 通加热蒸汽，控制 RX01 的升温速度。

2. 反应过程控制

① 当釜温升至 55~65℃时，关 V19，停蒸汽；
② 当釜温在 70~80℃时，打开 TIC101 略大于 50，通冷却水；
③ 用 TIC101 维持釜温在 110~128℃间，如无法维持，打开高压冷却水进口阀 V20。

3. 反应结束

当邻硝基氯苯浓度小于 0.1mol/L 时可认为反应结束，关闭搅拌器 M1。

4. 出料

① 开放空阀 V12，放可燃气；
② 开 V12 阀 5~10s 后关放空阀 V12；
③ 打开阀 V15 和 V13，通增压蒸汽；
④ 开蒸汽预热阀 V14 片刻后再关闭 V14；
⑤ 当 PI101>4atm 后，开阀门 V16，出料；
⑥ 出料完毕后，仍需保持蒸汽吹扫 10s，再关 V15。

（四）正常停车

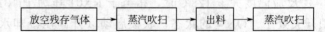

在冷却水量很小的情况下，反应釜的温度下降仍较快，则说明反应接近尾声，可以进行停车出料操作了。

相关操作提示

1. 调节器在非正常操作状态下设为手动；
2. 为保证安全务必用蒸汽吹扫。

① 打开放空阀 V12 5~10s 后再关闭，放掉釜内残存的可燃气体。
② 向釜内通增压蒸汽。
- 打开蒸汽总阀 V15；
- 打开增压蒸汽控制阀 V13 给釜内升压，使釜内气压高于 4atm。
③ 打开蒸汽预热阀 V14 片刻后关闭。
④ 打开出料阀门 V16 出料。
⑤ 出料完毕后保持 V16 开约 10s，进行蒸汽吹扫。
⑥ 关闭出料阀 V16（尽快关闭，超过 1min 不关闭将不能得分）。
⑦ 关闭蒸汽总阀 V15。

（五）事故处理（如表 3-83 所示）

表 3-83 事故处理

事故处理名称	主要现象	处理方法
超温（压）	TIC101 大于 128℃（气压大于 8atm）	①开大冷却水,打开高压冷却水阀 V20；②关闭搅拌器 M1,使反应速度下降；③如果 PI101 超过 12atm,打开放空阀 V12
搅拌器 M1 停转	反应速度逐渐下降为低值,产物浓度变化缓慢	停止操作,出料维修
冷却水阀 V22/V23 卡住（堵塞）	开大冷却水阀对控制反应釜温度无作用,且出口温度稳步上升	开冷却水旁路阀 V17/V18 调节
出料管堵塞	出料时,PI101 较高,但 LI104 下降很慢	开出料蒸汽预热阀 V14 吹扫 5min 以上（仿真中采用）。拆下出料管用火烧化硫黄,或更换管段及阀门
测温电阻连线故障	温度 TIC101 显示为零	改用压力显示 PI101 对反应进行调节（调节冷却水用量），升温至压力为 0.3~0.75atm 就停止加热,升温至压力为 1.0~1.6atm 开始通冷却水,压力为 3.5~4atm 以上为反应剧烈阶段,反应压力大于 7atm,相当于温度大于 128℃ 处于故障状态,反应压力大于 10atm,反应器联锁启动,反应压力大于 15atm,反应器安全阀启动（以上压力为表压）

五、思考题

1. 反应釜有几种类型？有什么用途？其组成构件主要有哪些？
2. 本单元操作过程中，若反应釜内的温度过高，对反应结果是否有影响？
3. 搅拌机有什么作用？
4. 如何控制反应釜的温度？
5. 怎样判断 2-巯基苯并噻唑浓度大于 0.1mol/L，邻硝基氯苯浓度小于 0.1mol/L？
6. 你认为本单元操作过程中哪一参数较难控制？你是如何调节的？

拓展思考

当某一反应有多种反应物参加时，投料顺序的不同对反应结果是否有影响？（以本单元为例，投料时先进邻硝基氯苯，再进 CS_2，然后投 Na_2S_n，试试看）

实训十七　固定床反应器

一、工艺流程简介

关联知识

1. 固定床反应器的结构及反应特点；
2. 联锁系统的作用与使用；
3. 常用的复杂调节—比例系统。

本流程为利用催化加氢脱乙炔的工艺。乙炔是通过等温加氢反应器除掉的，反应器温度由壳外中的冷剂温度控制。

主反应为：$nC_2H_2 + 2nH_2 \longrightarrow (C_2H_6)_n$，该反应是放热反应。每克乙炔反应后放出热量约为34000kcal。温度超过66℃时有副反应为：$2nC_2H_4 \longrightarrow (C_4H_8)_n$，该反应也是放热反应。

冷却介质为液态丁烷，通过丁烷蒸发带走反应器中的热量，丁烷蒸汽通过冷却水冷凝。

反应原料分两股，一股为约-15℃的以C_2为主的烃原料，进料量由流量控制器FIC1425控制；另一股为H_2与CH_4的混合气，温度约10℃，进料量由流量控制器FIC1427控制。FIC1425与FIC1427通过FF1427进行比值控制，两股原料按一定比例在管线中混合后经原料气/反应气换热器（EH423）预热，再经原料预热器（EH424）预热到38℃，进入固定床反应器（ER424A/B）。预热温度由温度控制器TIC1466通过调节预热器EH424加热蒸汽（S_3）的流量来控制。

ER424A/B中的反应原料在2.523MPa、44℃下反应生成C_2H_6。当温度过高时会发生C_2H_4聚合生成C_4H_8的副反应。反应器中的热量由反应器壳侧循环的加压C_4冷剂蒸发带走。C_4蒸汽在水冷器EH429中由冷却水冷凝，而C_4冷剂的压力由压力控制器PIC1426通过调节C_4蒸汽冷凝回流量来控制，从而保持C_4冷剂的温度。其工艺流程如图3-78所示。

二、主要设备（见表3-84）

表3-84　主要设备一览表

设备位号	设备名称	设备位号	设备名称
EH423	原料气/反应气换热器	EV429	C_4闪蒸罐
EH424	原料气预热器	ER424A/B	C_2H_2加氢反应器
EH429	C_4蒸汽冷凝器		

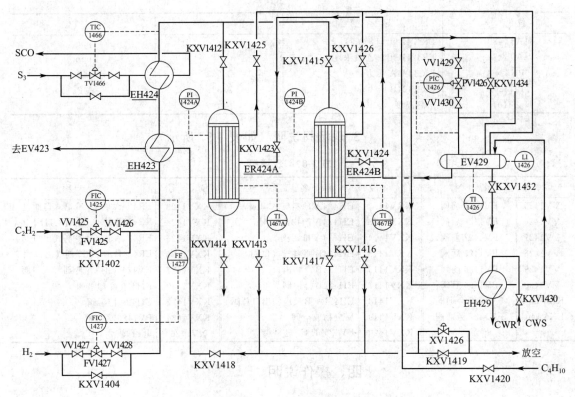

图 3-78　固定床反应器单元带控制点工艺流程图

三、调节器、显示仪表及现场阀说明

1. 调节器及其正常工况操作参数（如表 3-85 所示）

表 3-85　调节器及其正常工况操作参数

位　号	被控变量	所控调节阀位号	正　常　值	单　位	正常工况
PIC1426	EV429 罐压力	PV1426	2.523	MPa	自动
TIC1466	EH423 出口温度	TV1466	38	℃	自动
FIC1425	C_2H_2 流量	FV1425	56186.8	kg/h	自动
FIC1427	H_2 流量	FV1427	200	kg/h	串级

2. 显示仪表及其正常工况值（如表 3-86 所示）

表 3-86　显示仪表及其正常工况操作参数

位　号	显示变量	正　常　值	单　位
FF1427	H_2 流量	200	kg/h
TI1467A	ER424A 温度	44	℃
TI1467B	ER424B 温度	44	℃
PC1426	EV429 压力	2.523	MPa
LI1426	EV429 液位	50	℃
AT1428	ER424A 出口氢浓度		ppm
AT1429	ER424A 出口乙炔浓度		ppm

续表

位 号	显示变量	正常值	单位
AT1430	ER424B 出口氢浓度		ppm
AT1431	ER424B 出口乙炔浓度		ppm
PI1424A	ER-1424A 压力	2.523	MPa
PI1424B	ER-1424B 压力	2.523	MPa
TI101	进料温度	40	℃

3. 现场阀说明（如表 3-87 所示）

表 3-87 现场阀

位 号	名 称	位 号	名 称	位 号	名 称
VV1425	FV1425 前阀	KXV1412	EH424A 原料气入口阀	KXV1423	ER424A 的 C_4 冷剂入口阀
VV1426	FV1425 后阀	KXV1413	EH424A 产物出口阀	KXV1424	ER424B 的 C_4 冷剂入口阀
VV1427	FV1427 前阀	KXV1414	EH424A 排污阀	KXV1425	ER424A 的 C_4 冷剂气出口阀
VV1428	FV1427 后阀	KXV1415	EH424B 原料气入口阀	KXV1426	ER424B 的 C_4 冷剂气出口阀
VV1429	PV1426 前阀	KXV1416	EH424B 产物出口阀	KXV1427	EV424A 的 C_4 冷剂气入口阀
VV1430	PV1426 后阀	KXV1417	EH424B 排污阀	KXV1430	EH429 冷却水阀
KXV1402	FV1425 旁通阀	KXV1418	EH424A/B 反应物出口总阀	KXV1432	EH429 排污阀
KXV1404	FV1427 旁通阀	KXV1419	反应物放空阀	KXV1434	PV1426 旁通阀
		KXV1420	EV429 的 C_4 进料阀	XV1426	电磁阀

四、操作说明

仿 DCS 流程图如图 3-79 所示，仿现场图如图 3-80 所示。

（一）正常运行

熟悉工艺流程和各工艺参数（相关工艺参数见表 3-85 和表 3-86），尝试调节各阀门，观察其对各工艺参数的影响，从中学习用正确的方法调节各工艺参数，维护各工艺参数稳定；密切注意各工艺参数的变化，发现不正常变化时，应先分析事故原因，并做及时正确的处理。

> **相关操作提示**
>
> 反应温度、反应氢炔的出口浓度是工艺控制的关键指标。

（二）冷态开车

1. 准备工作

装置的开工状态为反应器和闪蒸罐都处于已进行过氮气冲压置换后，保压在 0.03MPa 状态。可以直接进行实气冲压置换。

2. EV429 闪蒸器充丁烷

① 确认 EV429 压力为 0.03MPa；

② 按正确步骤打开调节阀 PV1426 开度至 50%；

③ EH429 通冷却水；

④ 打开 KXV1430，开度为 50%；

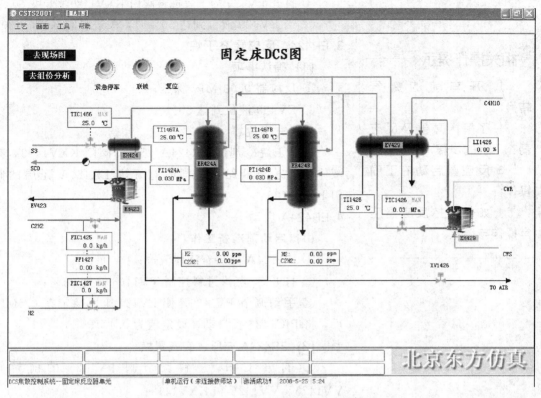

图 3-79　固定床单元仿 DCS 图

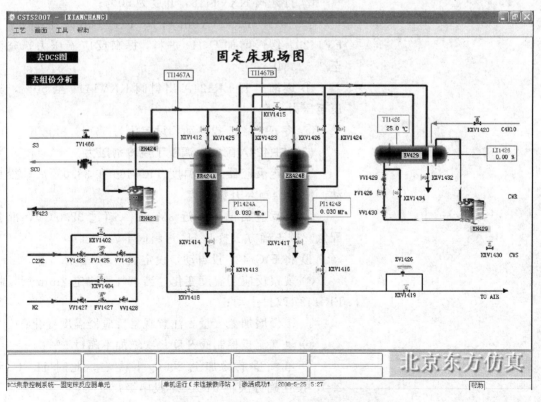

图 3-80　固定床单元仿现场图

相关操作提示

1. 开车前的氮气转换；

2. 了解闪蒸器及反应器充丁烷的步骤；

3. 反应器启动的正确操作；

4. 如何维持反应器正常操作与稳定。

④ 打开 EV429 的丁烷进料阀门 KXV1420，开度 50％；

⑤ 当 EV429 液位到达 50％时，关进料阀 KXV1420。

3. ER424A 反应器充丁烷

(1) 确认事项

① 反应器 0.03 MPa 保压；

② EV429 液位到达 50％。

(2) 充丁烷

打开丁烷冷剂进 ER424A 壳层的阀门 KXV1423，有液体流过，充液结束；同时打开出 ER424A 壳层的阀门 KXV1425。

4. ER424A 启动

(1) 启动前准备工作

① ER424A 壳层有液体流过；

② 打开 S_3 蒸汽进料控制 TV1466 开度 30％；

③ 手动调节 PV1426，使 EV429 压力稳定在 0.4MPa 后，将 PIC1426 投自动、设定值为 0.4MPa。

(2) ER424A 充压、实气置换

① 打开 C_2H_2 进料调节阀 FV1425 的前后阀 VV1425、VV1426 和 KXV1412；

② 打开阀 KXV1418，开度为 50％；

③ 微开 ER424A 出料阀 KXV1413，手动调节 FV1425，缓慢增加 C_2H_2 进料，提高反应器压力，充压至 2.523MPa；

④ 逐渐打开 ER424A 出料阀 KXV1413 至 50％，充压至压力平衡；

⑤ 将 FIC1425 投自动，设定值为 56186.8kg/h。

(3) ER424A 配氢，调整丁烷冷剂压力

① 稳定反应器入口温度 TIC1466 在 38.0℃后，投自动，使 ER424A 升温；

② 当反应器温度接近 38.0℃（超过 32.0℃），准备配氢。按正确方法打开 H_2 进料阀 FV1427；

③ 将 FIC1427 投自动，设定值为 80kg/h；

④ 观察反应器温度变化，当氢气量稳定 2min 后，将 FIC1427 改投手动；

⑤ 缓慢增加氢气量，注意观察反应器温度变化；

⑥ 氢气流量控制阀开度每次增加不超过 5％；

⑦ 氢气量最终加至 200kg/h 左右，此时 H_2/C_2 = 2.0，按正确方法将 FIC1427 投串级；

⑧ 控制反应器温度 44.0℃左右。

(三) 正常停车

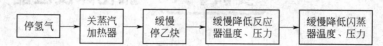

1. 正常停车

① 按正确步骤关闭 FV1427，停 H_2 进料。

② 关闭加热器 EH424 蒸汽进料阀 FV1466；

③ 全开闪蒸器冷凝回流控制阀 PV1426；

④ 按正确步骤逐渐关闭乙炔进料阀 FV1425，开大 EH429 冷却水进料阀 KXV1430；

⑤ 逐渐降低反应器温度、压力，至常温、常压；

⑥ 逐渐降低闪蒸器温度、压力，至常温、常压。

2. 紧急停车

① 与停车操作规程相同；

② 也可按急停车按钮（在现场操作图上）。

相关操作提示

1. 关停氢气时的注意事项；
2. 关闭加热器的正确顺序与闪蒸回流的控制。

（四）事故处理（如表3-88所示）

表 3-88 事故处理

事故处理名称	主要现象	处理方法
氢气进料阀卡住	氢气量无法自动调节	降低 EH429 冷却水的量，用旁路阀 KXV1404 手工调节氢气量
预热器 EH424 阀卡住	换热器出口温度超高	增加 EH429 冷却水的量，减少配氢量
闪蒸罐压力调节阀卡	闪蒸罐压力、温度超高	增加 EH429 冷却水的量，用旁路阀 KXV1434 手工调节
反应器漏气	反应器压力迅速降低	停车
EH429 冷却水停	闪蒸罐压力，温度超高	停车
反应器超温	反应器温度超高，会引发乙烯聚合的副反应	增加 EH429 冷却水的量

五、思考题

1. 结合本单元说明比例控制的工作原理。

2. 为什么是根据乙炔的进料量调节配氢气的量；而不是根据氢气的量调节乙炔的进料量？

3. 根据本单元实际情况，说明反应器冷却剂的自循环原理。

4. 观察在 EH-429 冷却器的冷却水中断后会造成的结果。

5. 结合本单元实际，理解"联锁"和"联锁复位"的概念。

拓展思考

1. 你知道如何解决固定床反应器温度、浓度颁布不均问题？
2. 氢气是高危物质，在本装置中采用了什么措施来预防氢气事故的？
3. 固定床反应器主要用于哪些反应过程？它有何特点？

实训十八 流化床反应器

1. 固定床反应器的结构及反应特点；
2. 联锁系统的作用与使用；
3. 常用的复杂调节-比例系统。

一、工艺流程简介

该流化床反应器取材于 HIMONT 工艺本体聚合装置，用于生产高抗冲击共聚物。具有剩余活性的干均聚物（聚丙烯），在压差作用下自闪蒸罐 D301 进入本单元的气相共聚流化床反应器 R401。

在气体分析仪的控制下，氢气被加到乙烯进料管道中，以改进聚合物的本征黏度，满足加工需要。

聚合物从顶部进入 R401，落在流化床的床层上。流化气体（反应单体）通过一个特殊设计的栅板进入反应器。由反应器底部出口管路上的控制阀来维持聚合物的料位。聚合物料位 LC401 决定了停留时间，从而决定了聚合反应的程度，为了避免过度聚合的鳞片状产物堆积在反应器壁上，反应器内配置一转速较慢的刮刀 A401，以使 R401 壁保持干净。

栅板下部夹带的聚合物细末，用一台小型旋风分离器 S401 除去，并送到下游单元的袋式过滤器 F301 中。

所有未反应的单体循环返回到循环压缩机 C401 的吸入口。

来自外单元乙烯汽提塔 T402 顶部的回收气相与气相反应器 R401 出口的循环单体汇合，而补充的氢气、乙烯和丙烯加入到循环压缩机 C401 排出口。

循环气体用工业色谱仪进行分析，调节氢气和丙烯的补充量。

通过调节补充的丙烯进料量以保证反应器的进料气体满足工艺要求的组成。

用脱盐水作为冷却介质，通过一台立式列管式换热器 E401 将聚合反应热撤出。该热交换器 E401 位于循环气体压缩机 C401 之前。

共聚物的反应压力约为 1.4MPa（表），70℃，注意，该系统压力位于闪蒸罐压力和袋式过滤器压力之间，从而在整个聚合物管路中形成一定压力梯度，以避免容器间物料的返混并使聚合物向前流动。流化床反应器单元其工艺流程如图 3-81 所示。

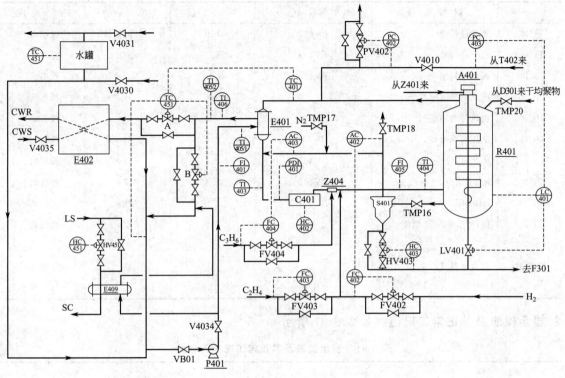

图 3-81 流化床反应器单元带控制点工艺流程图

二、主要设备（如表 3-89 所示）

表 3-89 主要设备一览表

设备位号	设备名称
A401	R401 的刮刀
C401	R401 循环压缩机
E401	R401 气体冷却器
E402	脱盐水冷却器
E409	夹套水加热器
P401	开车加热泵
R401	共聚反应器
S401	R401 旋风分离器

三、调节器、显示仪表及现场阀说明

1. 调节器及其正常工况操作参数（如表 3-90 所示）

表 3-90 调节器及其正常工况操作参数

位号	被控变量	所控调节阀位号	正常值	单位	正常工况
AC402	反应产物中 H_2/C_2 之比	FV402	0.18		投自动
AC403	反应产物中 C_2/C_3 之比	FV404	0.38		投自动

续表

位号	被控变量	所控调节阀位号	正常值	单位	正常工况
FC402	氢气进料量	FV402	0.35	kg/h	投串级
FC403	乙烯进料量	FV403	567.0	kg/h	投自动
FC404	丙烯进料量	FV404	400.0	kg/h	投串级
HC402	压缩机导流叶片		40	%	投自动
HC403	旋风分离器底阀	HV403	40	%	投自动
HC451	低压蒸汽流量	HV451	0.0	%	投自动
LC401	R401料位	LV401	60	%	投串级
PC402	R401压力	PV402	1.4	MPa	投自动
PC403	R401压力	LV401	1.35	MPa	投自动
TC401	循环气入C401温度	A B	70	℃	投自动
TC451	脱盐水温度	A B	50	℃	投串级

2. 显示仪表及其正常工况值（如表3-91所示）

表3-91 显示仪表及其正常工况操作参数

位号	显示变量	正常值	单位
AI40111	R401中未反应气体中H_2含量	0.0617	%
AI40121	R401中未反应气体中C_2H_4含量	0.3487	%
AI40131	R401中未反应气体中C_2H_6含量	0.0026	%
AI40141	R401中未反应气体中C_3H_6含量	0.58	%
AI40151	R401中未反应气体中C_3H_8含量	0.0006	%
FI401	E401循环水流量	56.0	t/h
FI405	R401气相进料流量	120.0	t/h
TI403	E401循环气出口温度	60.0	℃
TI404	R401原料气入口温度	60.0	℃
TI405/1	E401入口水温度	45.0	℃
TI405/2	E401出口水温度	50.0	℃
TI406	E401出口水温度	50.0	℃
LI402	水罐液位	50	%

3. 现场阀说明（如表3-92所示）

表3-92 现场阀

位号	名称	位号	名称
TPM16	S401进口阀	V4030	水罐进水阀
TPM17	系统充氮阀	V4031	氮封阀
TPM18	放空阀	V4032	泵P401入口阀
TPM20	自D301来的具有活性聚丙烯进料阀	V4034	泵P401出口阀
V4010	汽提乙烯进料阀	V4035	循环水阀

四、操作说明

仿 DCS 图如图 3-82 所示，仿现场图如图 3-83 所示。

（一）正常运行

> **相关操作提示**
> 密切关注反应器温度、各种气体组成比的变化，并及时调整。

熟悉工艺流程和各工艺参数（相关工艺参数见表 3-90 和表 3-91），尝试调节各阀门，观察其对各工艺参数的影响，从中学习用正确的方法调节各工艺参数，维护各工艺参数稳定；密切注意各工艺参数的变化，发现不正常变化时，应先分析事故原因，并做及时正确的处理。

（二）冷态开车

1. 准备工作

准备工作包括：系统中用氮气充压，循环加热氮气，随后用乙烯对系统进行置换（按照实际正常的操作，用乙烯置换系统要进行两次，考虑到时间关系，只进行一次）。这一过程完成之后，系统将准备开始单体开车。

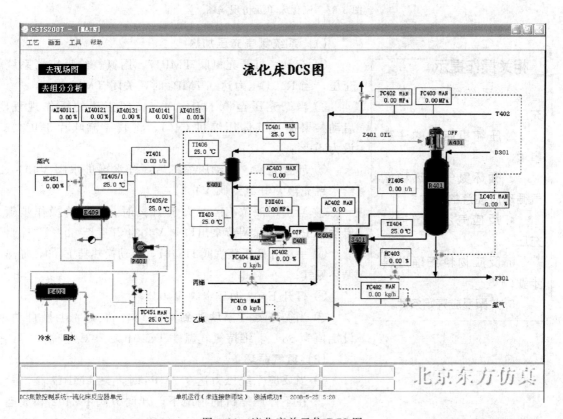

图 3-82 流化床单元仿 DCS 图

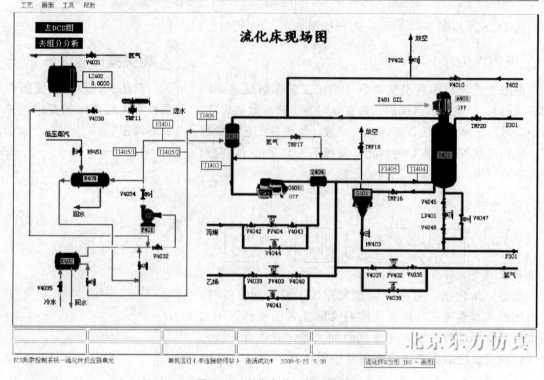

图 3-83 流化床单元仿现场图

相关操作提示

1. 系统氮气置换和充压；
2. 压缩机启动的注意事项；
3. 循环氮气加热和氮气循环应注意的问题；
4. 反应气乙烯置换、充压；
5. 反应物料正确进料步骤；
6. 共聚反应开始条件。

(1) 系统氮气充压加热

① 充氮：打开充氮阀 TMP17，用氮气给反应器系统充压，当 R401 压力达 0.7MPa 时，关闭 TMP17；

② 当氮充压至 0.1MPa 时，按照正确的操作规程，启动共聚循环气体压缩机 C401，将其导流叶片 HIC402 设为 40%；

③ 环管充液、启动压缩机后：开水罐进水阀 V4030，给水罐充液，开氮封阀 V4031；

④ 当水罐液位 LI402 大于 10% 时，按正确操作步骤启动泵 P401，并调节泵出口阀 V4034 开度至 60%；

⑤ 手动开低压蒸汽阀 HC451，启动换热器 E409，加热循环氮气；

⑥ 打开 E402 循环水阀 V4035；

⑦ 当循环氮气温度达到 70℃ 时，将 TC451 投自动，设定值为 68℃，维持氮气温度 TC401 在 70℃ 左右。

(2) 氮气循环

① 当反应系统压力达 0.7MPa 时，关 TMP17 阀；

② 在不停压缩机的情况下，开调节阀 PV402 和放空阀 TMP18 给反应系统泄压至 0MPa；

③ 在充氮泄压操作中，不断调节 TC451 设定值，维持 TC401 温度在 70℃左右。

(3) 乙烯充压

① 当系统压力降至 0MPa 时，关闭 PV402 和 TMP18；

② 按正确操作步骤开调节阀 FV403，开始乙烯进料，乙烯进料量稳定在 567.0kg/h 时，将 FC403 投自动；

③ 用乙烯使系统压力充至 0.25MPa，并继续维持 TC401 在 70℃左右。

2. 干态运行开车

本规程旨在聚合物进入之前，共聚集反应系统具备合适的单体浓度，另外通过该步骤也可以在实际工艺条件下，预先对仪表进行操作和调节。

(1) 反应进料

① 当 R401 压力至 0.25MPa 时，按正确操作步骤开启 FV402，当氢气进料稳定在 0.102kg/h 时，FC402 投自动控制；

② 当 R401 压力升至 0.5MPa 时，按正确操作步骤打开 FV404，当丙烯进料稳定在 400kg/h，FC404 投自动；

③ 打开自乙烯汽提塔 T401 来的进料阀 V4010；

④ 当 R401 压力升至 0.8MPa 时，打开旋风分离器 S401 底部阀 HV403 至开度 20%，维持 R401 压力缓慢上升。

(2) 准备接收 D301 来的均聚物

① 将 FIC404 改为手动，调节 FV404 为 85%，再次加大丙烯进料；

② 当 AC402 和 AC403 平稳后，调节 HV403 开度至 25%；

③ 启动共聚反应器的刮刀，准备接收从闪蒸罐（D301）来的均聚物，并用调节器 TC451 并继续维持 TC401 在 70℃左右。

3. 共聚反应物的开车

① 确认系统温度 TC451 维持在 70℃左右；

② 当系统压力升至 1.2MPa 时，按正确操作步骤，打开 HV403 开度至 40%、LV401 在开度 20%～25%，以维持流态化；

③ 打开来自 D301 的聚合物进料阀 TMP20。

④ 关 HV451，停低压加热蒸汽；

⑤ 调节 TC451，使 R401 气相出口温度维持在～70℃。

4. 调节稳定工艺参数

① 继续维持 TC401 在～70℃；

② 当 R401 内压力稳定到 1.35MPa 时，将 PC402 投

> **相关操作提示**
> 1. 正确反应器料位的步骤和原理；
> 2. 正确氮气吹扫步骤；
> 3. 尾气放空和停压缩机。

自动（设定值1.35MPa）；

③ 手动调节LV401，使R401料位稳定到60%后，将LC401投自动（设定值60%）；

④ 系统稳定后，缓慢将PC402设定值提升至1.4MPa，并注意继续维持R401内压力在1.35MPa；

⑤ 按正确操作步骤分别将TC401与TC451、PC403与LC401、AC403与FC404、AC402与FC402进行串级。

（三）正常停车

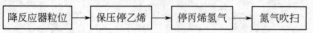

1. 降反应器料位

① 关闭D301来料阀TMP20；

② 手动调节LV401使反应器料位LC401缓慢降至10%以下。

2. 关闭乙烯进料、保压

① 当LC401小于10%，按正确操作步骤关FV403，停乙烯进料；

② 当LC401降至0%，按正确操作步骤关LV401；

③ 关旋风分离器S401上的出口阀HV403。

3. 关丙烯及氢气进料

① 按正确操作步骤停丙烯进料；

② 按正确操作步骤停氢气进料；

③ 按正确操作步骤开PV402至80%以上，排放导压至火炬泄压后关闭PV402；

④ 停反应器刮刀A401。

4. 氮气吹扫

① 开TMP17将氮气加入该系统；

② 当压力达0.35MPa时关TMP17，开PV402放火炬；

③ 停压缩机C401，并卸压。

（四）事故处理（如表3-93所示）

表3-93 事故处理

事故处理名称	主 要 现 象	处 理 方 法
泵P401停	温度调节器TC451急剧上升，然后TC401随之升高	①调节丙烯进料阀FV404，增加丙烯进料量； ②调节压力调节器PC402，维持系统压力； ③调节乙烯进料阀FV403，维持C_2/C_3比
压缩机C401停	系统压力急剧上升	①关闭催化剂来料阀TMP20； ②手动调节PC402，维持系统压力； ③手动调节LC401，维持反应器料位
丙烯进料停	丙烯进料量为0.0	①手动关小乙烯进料量，维持C_2/C_3比； ②关催化剂来料阀TMP20； ③手动关小PV402，维持压力； ④手动关小LC401，维持料位
乙烯进料停	乙烯进料量为0.0	①手动关丙烯进料，维持C_2/C_3比； ②手动关小氢气进料，维持H_2/C_2比

事故处理名称	主要现象	处理方法
D301 供料停	D301 供料停止	①手动关闭 LV401； ②手动关小丙烯和乙烯进料
EH429 冷却水停	闪蒸罐压力、温度超高	停车
反应器超温	反应器温度超高，会引发乙烯聚合的副反应	增加 EH429 冷却水的量

五、思考题

1. 在开车及运行过程中，为什么一直要保持氮封？
2. 熔融指数（MFR）表示什么？氮气在共聚过程中起什么作用？请描述 AC402 指示值与 MFR 的关系。
3. 气相共聚反应的温度为什么绝对不能偏差所规定的温度？气相共聚反应的停留时间又是如何控制的？气相共聚反应的流化态是如何形成的？
4. 冷态开车时，为什么要首先进行系统氮气充压加热？
5. 什么是流化床？与固定床相比它有什么特点？
6. 解释共聚、均聚、气相聚合和本体聚合。
7. 简述本单元所选流程的反应机理。

 拓展思考

1. 流化床反应器在操作过程中，关键的控制指标是什么？
2. 流化床为什么会出现飞温？应如何如何解决这一问题？

参 考 文 献

[1] 吴重光主编. 化工仿真实习指南. 第三版. 北京：化学工业出版社，2012.
[2] 何江华. 计算机仿真技术平话. 北京：国防工业出版社，2005.
[3] 肖田元，张燕云，陈加栋. 系统仿真导论. 北京：清华大学出版社，2000.
[4] 陈群. 化工仿真操作实训. 第二版. 北京：化学工业出版社，2013.
[5] 周文昌. 煤化工仿真实训. 北京：化学工业出版社，2013.